高等职业技术教育"十二五"规划教材

# 编程逻辑及 C 语言实现

主　编　陈　斌　周春容
副主编　郎川萍　吴光成　遆　佳

西南交通大学出版社
·成　都·

#### 图书在版编目（CIP）数据

编程逻辑及 C 语言实现 / 陈斌，周春容主编. 一成都：西南交通大学出版社，2011.8（2018.1 重印）
高等职业技术教育"十二五"规划教材
ISBN 978-7-5643-1283-1

Ⅰ.①编… Ⅱ.①陈… ②周… Ⅲ.①C 语言－程序设计－高等职业教育－教材 Ⅳ.①TP312

中国版本图书馆 CIP 数据核字（2011）第 152182 号

---

高等职业技术教育"十二五"规划教材

**编程逻辑及 C 语言实现**

主编 陈 斌 周春容

＊

责任编辑 王 旻
特邀编辑 黄庆斌
封面设计 墨创文化

西南交通大学出版社出版发行
四川省成都市二环路北一段 111 号西南交通大学创新大厦 21 楼
邮政编码：610031 发行部电话：028-87600564
http://www.xnjdcbs.com

成都中铁二局永经堂印务有限责任公司印刷

＊

成品尺寸：185 mm×260 mm 印张：11.5
字数：286 千字
2011 年 8 月第 1 版 2018 年 1 月第 2 次印刷
ISBN 978-7-5643-1283-1
定价：22.00 元

图书如有印装质量问题 本社负责退换
版权所有 盗版必究 举报电话：028-87600562

# 前　　言

　　《编程逻辑及 C 语言实现》是计算机学科的一门专业基础课。

　　本书主要培养学生结构化编程能力，使用 Microsoft Visual C++ 6.0 为开发平台，内容涵盖了全国计算机等级考试 C 语言程序设计的知识点。

　　本书的主要特色是对学生编程逻辑思维的培养和案例教学。通过以往的教学经验，学生觉得 C 语言难学、难入门，其主要原因在于没有理解计算机编程的思想。本书针对传统 C 语言程序设计教材在这方面的不足，介绍了"编程逻辑基础"，着力培养学生"自信"地运用所学的"图形"来分析问题、寻求解决问题的方案。本书以案例为导向。每一个重要知识点都用一个案例去解析，同时每一章节配有"拓展练习"和"课后练习"，从而帮助学生巩固已学知识的基础上培养其独立编程能力。教学内容的选取打破传统的课程体系，根据"岗位适用、行业发展、课证一致、技能为主"的原则进行取舍，以增强课程教学的针对性和适用性，为学生上岗和持续发展奠定良好的基础。

　　全书内容分为 10 章，第 1 章主要介绍了编程方法和逻辑应用方面的知识；第 2 章主要介绍了 C 语言的发展历程、主要特点及 C 语言的编译和执行过程；变量、数据类型和运算符；第 3、4、5 章分别介绍了 C 语言程序设计的三种基本结构：顺序、选择和循环；第 6 章介绍了一维数组和二维数组的用法；第 7 章介绍了函数的定义、使用及函数的递归调用；第 8 章介绍指针变量；第 9 章介绍了结构体创建和使用；第 10 章介绍了文件的常见操作。

　　本书的编写得到了陈斌教授和杨桦老师的帮助。具体的编写分工为：郎川萍完成第 1~3 章的编写，陈斌完成了第 4 章的编写，周春容完成了第 5、6 章的编写，吴光成完成了第 8、10 章的编写，遥佳完成了第 7、9 章的编写。在编写过程中，编者参考了国内外有关计算机软件的书刊和文献资料。由于作者学识和经验有限，本书内容和形式尚有不足和疏漏之处，敬请读者批评指正。

编　者

2011 年 5 月

# 目 录

## 第1章 编程逻辑基础 ................................................. 1
- 1.1 流程图简介 ................................................. 1
- 1.2 使用流程图表示条件逻辑 ................................................. 7
- 1.3 使用预检表 ................................................. 13
- 1.4 循　环 ................................................. 15

## 第2章 C语言基础 ................................................. 21
- 2.1 C语言的发展历史 ................................................. 21
- 2.2 C语言的特点 ................................................. 22
- 2.3 简单的C语言程序 ................................................. 23
- 2.4 Visual C++ 6.0 开发环境的使用 ................................................. 25

## 第3章 变量、数据类型和运算符 ................................................. 30
- 3.1 变量与常量 ................................................. 30
- 3.2 整型数据 ................................................. 32
- 3.3 实型数据 ................................................. 34
- 3.4 字符型数据 ................................................. 36
- 3.5 运算符 ................................................. 39
- 3.6 输入输出函数 ................................................. 43

## 第4章 条件结构 ................................................. 50
- 4.1 条件结构简介 ................................................. 50
- 4.2 if 语句 ................................................. 50
- 4.3 switch 语句 ................................................. 57
- 4.4 多重 if 和 switch 的比较 ................................................. 60
- 4.5 条件运算符 ................................................. 60

## 第5章 循环结构 ................................................. 63
- 5.1 循环结构简介 ................................................. 63
- 5.2 while 语句 ................................................. 63
- 5.3 do-while 语句 ................................................. 66
- 5.4 for 语句 ................................................. 69
- 5.5 辅助控制语句 ................................................. 73

## 第6章 数　组 ... 80
### 6.1 一维数组的定义和使用 ... 80
### 6.2 二维数组的定义和使用 ... 89

## 第7章 函　数 ... 97
### 7.1 使用系统函数 ... 97
### 7.2 自定义函数 ... 101
### 7.3 函数声明 ... 106
### 7.4 局部变量和全局变量 ... 107
### 7.5 递归调用 ... 110

## 第8章 指　针 ... 113
### 8.1 指针的定义和使用 ... 113
### 8.2 数组指针变量的说明和使用 ... 121
### 8.3 字符串与指针 ... 127
### 8.4 函数指针变量 ... 132
### 8.5 指针数组 ... 134

## 第9章 结构体 ... 141
### 9.1 定义结构体类型 ... 141
### 9.2 定义结构体变量 ... 145
### 9.3 结构体数组 ... 149
### 9.4 结构体嵌套 ... 153
### 9.5 指向结构体的指针 ... 156

## 第10章 文　件 ... 160
### 10.1 文件的基本概念 ... 160
### 10.2 文件指针(FILE) ... 161
### 10.3 打开文件 ... 162
### 10.4 关闭文件(fclose) ... 163
### 10.5 文件读写函数 ... 164
### 10.6 文件的随机读写 ... 172
### 10.7 文件检测函数 ... 174
### 10.8 C库文件 ... 174

## 参考文献 ... 177

# 第 1 章　编程逻辑基础

**学习目标**

完成本学习任务后，你应当能够：
- 识别输入和输出要求；
- 识别程序；
- 使用流程图表示逻辑；
- 识别数据和数据类型；
- 使用运算符；
- 在流程图中表示判断；
- 使用预检表；
- 识别重复的过程；
- 使用流程图表示复杂条件和迭代。

**学习内容**
- 用流程图显示方便面的泡制过程；
- 用菱形表示判断：输入两个数字，按数值由小到大的顺序输出这两个数；
- 使用预检表用样本值计算程序的输出；
- 用流程图显示从 1 到 100 的累加。

## 1.1 流程图简介

### 1.1.1 输入、处理、输出

**1. 输入、处理、输出**

请考虑网购的例子。当用户需要网购某样商品的时候，需提供的信息包括商品的名称、品牌、型号、需要购买的件数等。用户将这些信息输入到计算机中，然后有关用户需要商品的详细信息就会显示在屏幕上。确认购买之后，用户需要提供付款方式、银行账号、密码、付款金额等信息。然后将信息输入到计算机中，付款方能成功。

在这整个网购中，用户经历了输入—处理—输出（I—P—O）的过程。如图 1.1 所示在第一个阶段中，商品的名称、品牌、型号、需要购买的件数被输入计算机中，此阶段称为输入阶段。然后处理商品需求信息，决定该商品是否库存有货，此阶段称为处理阶段。处理完成之后，结果显示在计算机屏幕上，表示剩余的产品情况，此阶段称为输出阶段。

在计算机中，组件参与输入—处理—输出循环。鼠标、键盘、手写板用于输入，中央处理器、内存、运算器用于处理，屏幕、打印机用于输出。

图 1.1 输入—处理—输出循环

**2. 程　序**

网购过程中，计算机是如何工作的呢？计算机用于接收输入、处理输入、生成输出。除此之外，还需要提供一组命令序列来完成以下工作：

（1）用户提供的输入种类。在网购过程中，商品的名称、品牌、型号、需要购买的件数就是输入。

（2）预期的输出类型。在网购过程中，满足客户要求的商品就是输出。

（3）处理是需要执行的操作。在网购过程中，接收用户输入，查看产品状态、库存，显示结果就是处理。

程序（program）是为实现特定目标或解决特定问题而用计算机语言编写的命令序列的集合。

在编写程序之前，需要先设计解决问题的步骤。算法就是用来描述解决问题的步骤，本章讨论使用流程图来表示算法。

**拓展练习**

问题 1：请指出下列各项工作属于"输入"、"处理"、"输出"哪个阶段，并将代表答案的英文字母填写在合适的方格内。

A. 利用键盘键入字母

B. 消化食物

C. 打印文件

D. 老师发回作业

E. 投入硬币购买饮品

F. 动脑筋计算 16*64

G. 将新建放入邮筒

H. 到市场买菜

| 输入 | 处理 | 输出 |
| --- | --- | --- |
|  |  |  |

### 1.1.2 流程图

**1. 流程图定义**

流程图是流经一个系统的信息流、观点流或部件流的图形代表。在企业中，流程图主要用来说明某一过程。这种过程既可以是生产线上的工艺流程，也可以是完成一项任务必需的管理过程。

例如，一张流程图能够成为解释某个零件的制造工序，甚至组织决策制定程序的方式之一。这些过程的各个阶段均用图形块来表示，不同图形块之间以箭头相连，代表它们在系统内的流动方向。下一步何去何从，要取决于上一步的结果，典型做法是用"是"或"否"的逻辑分支加以判断。

流程图是揭示和掌握封闭系统运动状况的有效方式。若它作为诊断工具，能够辅助决策制定，让管理者清楚地知道，问题可能出在什么地方，从而确定出可供选择的行动方案。

流程图有时也称作输入-输出图。该图能直观地描述一个工作过程的具体步骤。流程图对准确了解事情是如何进行的，以及决定应如何改进过程极有帮助。这一方法可以用于整个企业，以便直观地跟踪和图解企业的运作方式。

流程图使用一些标准符号代表某些类型的动作，如决策用菱形框表示，具体活动用方框表示。但比这些符号规定更重要的，是必须清楚地描述工作过程的顺序。流程图也可用于设计改进的工作过程，具体做法是先画出事情应该怎么做，再将其与实际情况进行比较。

**2. 流程图符号及约定**

流程图符号及约定见表 1.1。

表 1.1 流程图符号及约定

| 符号 | 说 明 |
|---|---|
| 平行四边形 | 输入数据——平行四边形表示输入数据，其中可注明数据名、来源、用途或其他的文字说明 |
| 矩形 | 处理——矩形表示各种处理功能。例如，执行一个或一组特定的操作，从而使信息的值、信息形式或所在位置发生变化，或是确定对某一流向的选择。矩形内可注明处理名或其简单功能 |
| 带双纵边线的矩形 | 特定处理——带有双纵边线的矩形表示已命名的特定处理。该处理为在另外地方已得到详细说明的一个操作或一组操作，便如子例行程序、模块。矩形内可注明特定处理名或其简要功能 |
| 菱形 | 判断——菱形表示判断。菱形内可注明判断的条件，它只有一个入口，但可以有若干个可供选择的出口，在对符号内定义的条件求值后，有一个且仅有一个出口被激活，求值结果可在表示出口路径的流程线附近写出 |
| 圆 | 连接符——圆表示连接符。用以表明转向流程图的它处，或从流程图它处转入，它是流线的断点 |
| 扁圆形 | 端点符——扁圆形表示转向外部环境或从外部环境转入的端点符。例如，程序流程的起始或结束，数据的外部使用起点或终点 |
| 直线箭头 | 流程线——直线表示控制流的流程线。关于流程线上的箭头，是用来表示表示流程方向的。流程线的标准流向是从左到右和从上到下 |
| 输出符号 | 输出结果 |

### 3. 流程图使用注意事项

流程图使用中应考虑以下问题：

（1）过程中是否存在某些环节，删掉它们后能够降低成本或减少时间？

（2）还有其他更有效的方式构造流程吗？

（3）整个过程是否因为过时而需要重新设计？

（4）应当将其完全废弃吗？

**案例 1：用流程图绘制泡制方便面的过程。**

第一步：列出泡制方便面的步骤。

```
加入面饼、调味粉菜包、调味酱包、风味包
加入沸水
泡制 5 分钟
方便面泡好
```

第二步：判断流程图中需要用到的符号。

第三步：绘制流程图，如图 1.2 所示。

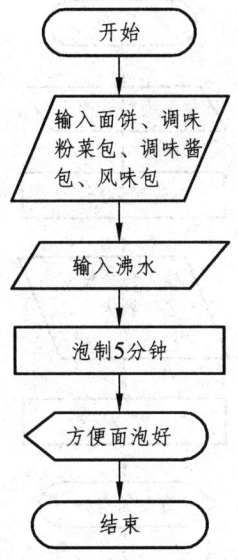

**图 1.2　泡制方便面流程图**

这只是泡制方便面的一种方法。在泡制方便面的过程中，人们可以采取各种不同的方式。比如，可以加入火腿肠；可以先加入沸水泡面，再加入调味粉菜包、调味酱包、风味包。在这种情况下，泡制方便面的流程图会与上面的流程图不一样。

加入火腿肠的流程图如图 1.3 所示。

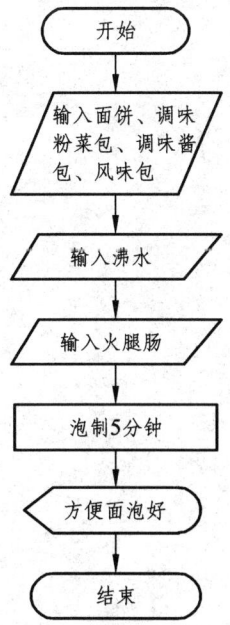

**图 1.3　泡制方便面流程图（加入火腿肠）**

先加入沸水泡面，再加入调味粉菜包、调味酱包、风味包的流程图如图1.4所示。

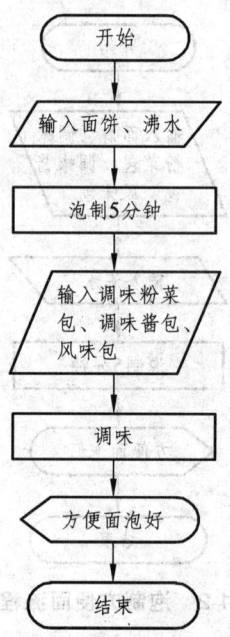

**图1.4　泡制方便面流程图（沸水、粉菜包、酱包、风味包）**

**拓展练习**

问题2：请绘制加法运算的流程图，加数为2和3，结果显示5。

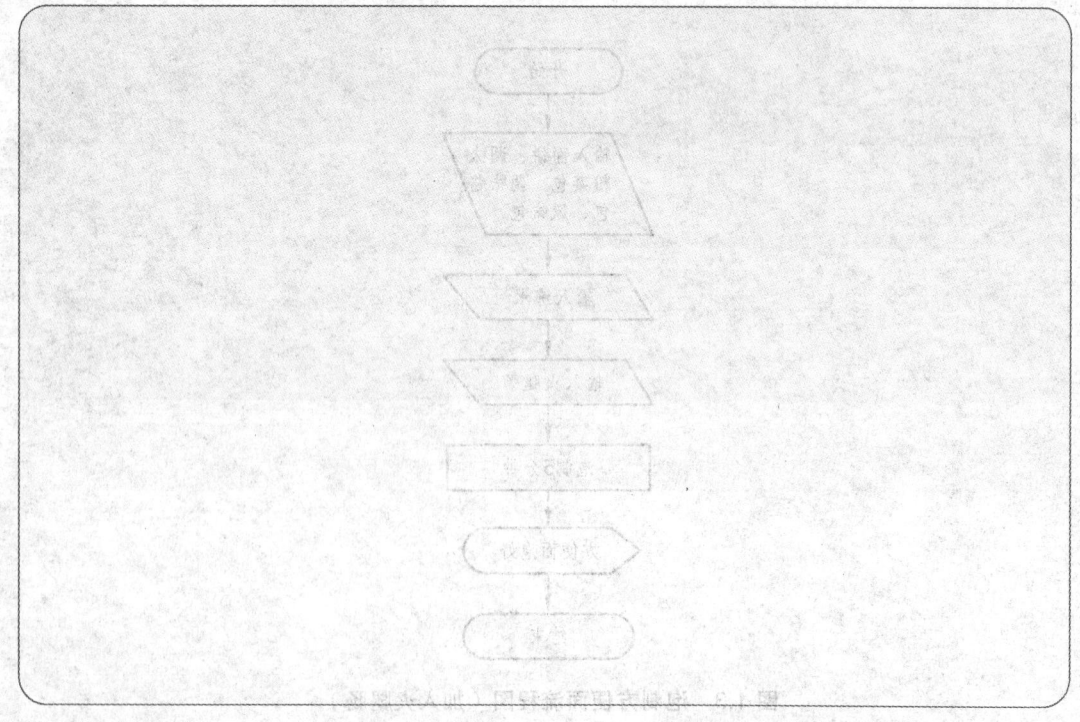

## 1.2 使用流程图表示条件逻辑

### 1.2.1 常量、变量

请考虑拓展练习的问题 2。计算机在执行加法的过程中，通过键盘输入数字 2 和 3，存储在内存中。在进行加法运算的时候，调用这两个值，输出加法运算结果的时候引用内存中存储的加法结果（数字 5）。计算机需要识别内存中数据的存放位置，以便从内存中将数据读取出来，以及将数据存储到内存中。

使用 Number1 来表示数字 2 在内存中存储的位置，使用 Number2 来表示数字 3 在内存中存储的位置，使用 Sum 来表示加法运算结果在内存中存储的位置。

用户在使用这个加法程序的时候，可能会输入 2 和 3，计算 2+3；也可能输入 4 和 5，计算 4+5。由于用户输入的不同，Number1、Number2、Sum 的值会发生改变，像这样在程序执行过程中，其值可以改变的量称为变量。在变量中存储的数值，比如 2、3、4、5 这些数字，在程序执行过程中，其值不能被改变的量称为常量。常量以及变量如图 1.5 所示。

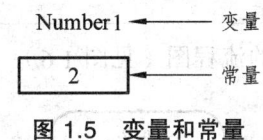

**图 1.5 变量和常量**

**拓展练习**

问题 3：请指出以下哪些是变量，哪些是常量，填写到对应的方格中。

A. 100

B. "Visual Studio"

C. 年龄

D. False

E. 0123

F. 2011-3-9

G. X

H. 3.14159

I. Address

| 变　　量 | 常　　量 |
| --- | --- |
|  |  |
|  |  |
|  |  |
|  |  |

变量在使用之前应该先声明。声明变量应该说明变量的名字和数据类型。变量的名字用

来定位内存空间，变量的数据类型用来决定内存空间的大小。

变量命名有以下约定：
- 变量名可以包含数字、字母、下划线。
- 变量名的首字母只能是字母和下划线。
- 变量名应该清晰地说明变量的含义。
- 变量名如果有多个单词构成，将每个单词的首字母大写能够提供可读性。

关于数据类型，将在稍后介绍。

**案例 2：用流程图绘制加法。**

第一步：列出需要的变量。

第二步：修改拓展练习中绘制的流程图（见图 1.6）。

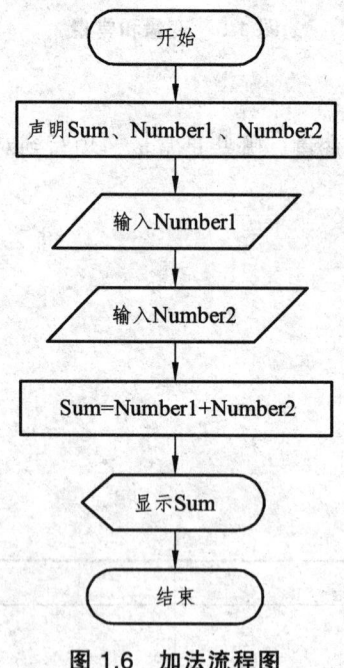

图 1.6　加法流程图

### 1.2.2　数据类型

计算机存储需要的信息，比如问题 2 中的加数 2 和 3，它们是由数值构成的。计算机中还可能存储其他的信息，比如学生的姓名、性别、班级、籍贯等，它们是由字符构成的。对

于不同的数据,应该根据数据需要的存储空间进行分类。将数据分为以下两类:

**1. 数值类型**

数值类型包含数值。比如学生的年龄、教师的工资都属于数值类型。数值类型的变量可以进行算术运算。

**2. 字符类型**

字符类型包括字母、数字、特殊字符。比如学生的姓名、性别、班级、籍贯等。

> **Tips** 提问:学生的电话号码(028-82681234)是数值类型还是字符类型?

电话号码是由数字组成的,但应该属于字符类型。

现实生活中,数字被广泛地应用在两种不同的范畴:其一是那些典型的,需要进行计算的场合,比如鸡蛋 1 斤 5.8 元。其二则是那些只用来表示符号的范畴,比如电话号码、车牌号码,把两个电话号码进行相加或相减的操作是没有意义的。基于数字的两种完全不一样的使用范畴,在被抽象到计算机程序语言时,数字就被分到"数值"和"字符"两种类型中。

### 1.2.3 运算符

程序执行需要的不仅仅是加、减、乘、除运算。所有计算机语言都为某些预先定义的运算提供了符号,这些称为运算符。以下三类运算符将会在流程图中使用:
- 算术运算符。
- 关系运算符。
- 逻辑运算符。

**1. 算术运算符**

算术运算符见表 1.2。

表 1.2 算术运算符

| 运算符号 | 说明 | 举例 | 运算之前变量的值 | 运算之后变量的值 |
| --- | --- | --- | --- | --- |
| + | 加法 | Num1=Num1+3 | 6 | 9 |
| - | 减法 | Num1=Num1-3 | 6 | 3 |
| * | 乘法 | Num1=Num1*3 | 6 | 18 |
| / | 除法 | Num1=Num1/3 | 6 | 2 |
| % | 取模 | Num1=Num1%3 | 6 | 0 |

**2. 关系运算符**

关系运算符见表 1.3。

表 1.3 关系运算符

| 运算符号 | 说明 | 举例 | 结果 |
| --- | --- | --- | --- |
| = | 等于 | 3=5 | False |
| > | 大于 | 3>5 | False |
| >= | 大于等于 | 3>=5 | False |
| < | 小于 | 3<5 | True |
| <= | 小于等于 | 3<=5 | True |
| != | 不等于 | 3!=5 | True |

**3. 逻辑运算符**

逻辑运算符见表 1.4。

表 1.4 逻辑运算符

| 运算符号 | 说明 | 举例 | A 的值 | B 的值 | 结果 |
| --- | --- | --- | --- | --- | --- |
| AND | 逻辑与 | A AND B | True | True | True |
| | | | True | False | False |
| | | | False | True | False |
| | | | False | False | False |
| OR | 逻辑或 | A OR B | True | True | True |
| | | | True | False | True |
| | | | False | True | True |
| | | | False | False | False |
| NOT | 逻辑非 | NOT A | True | | False |
| | | | False | | True |

案例 3：绘制流程图，接收学生的 C 语言、网络概论、编程基础成绩，计算出学生的平均成绩。

第一步：列出需要的变量。

第二步：绘制流程图（见图 1.7）。

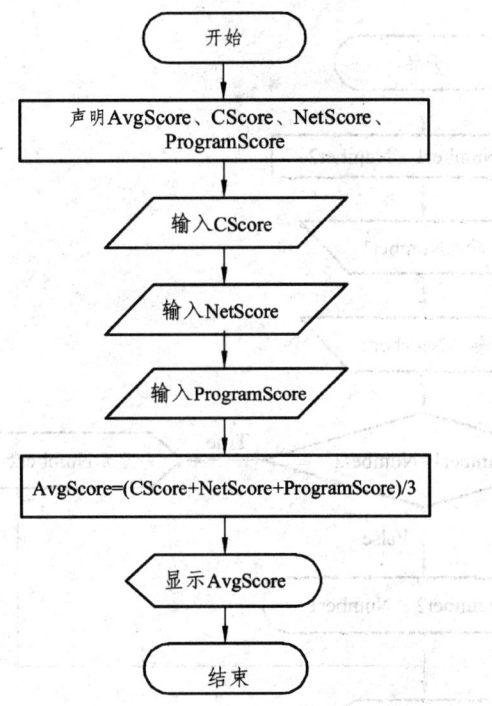

图 1.7 计算学生成绩平均值流程图

## 1.2.4 用菱形表示判断

案例计算出了学生的平均成绩，如果学生的平均成绩大于 85 分，并且单科成绩不低于 80，那么该学生被评为优秀学生。

像这样需要做出判断、决策的问题，在流程图中，显示为判断结构，用菱形来表示。判断框只有一个输入点，却有两个输出点，因为判断的结果可能是"True"也可能是"False"。

**案例 4**：绘制流程图，输入两个数字，按代数值由小到大的顺序输出这两个数。

第一步：确定判断条件。

第二步：绘制流程图（见图1.8）。

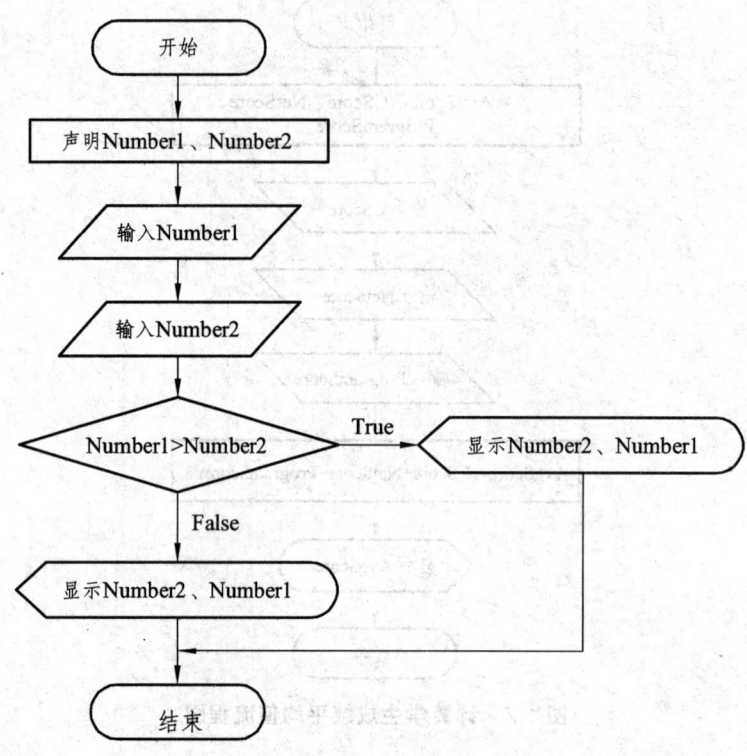

图1.8 按代数值由小到大输出两数流程图

当有两个条件的时候，应该怎么办呢？回想前面的案例3，计算出了学生的平均成绩，如果学生的平均成绩大于85分，并且单科成绩不低于80，那么该学生被评为优秀学生。那么应该如何绘制流程图表示这一过程呢？

图1.9是一种表示方式，将两个条件分别使用菱形表示。也可以在一个菱形里同时表示两个条件，这时就需要使用前面讲到过的逻辑运算符，如图1.10所示。

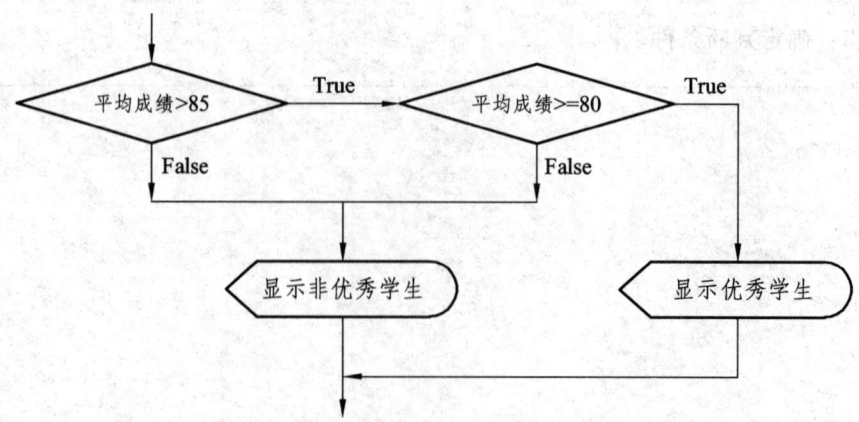

图1.9 显示非优秀学生和优秀学生之一

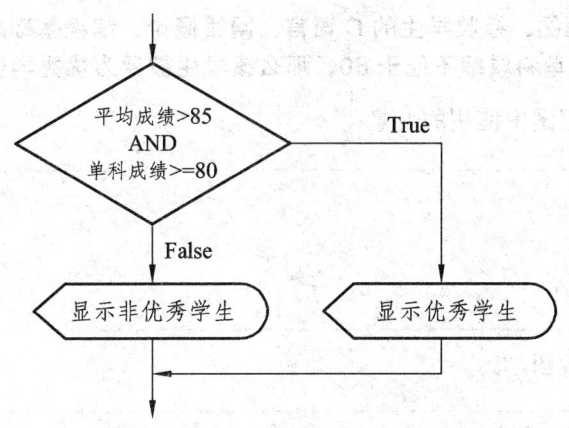

图 1.10 显示非优秀学生和优秀学生之二

**拓展练习**

问题 4：请绘制流程图，接收用户输入的年份，判断是否是瑞年。

## 1.3 使用预检表

预检表将帮助用户执行逻辑检查并且理解流程图中的控制流程。还可以根据预检表来用样本值计算程序的输出。

**案例 5**：绘制流程图，接收学生的 C 语言、网络概论、编程基础成绩，如果学生的平均成绩大于 85 分，并且单科成绩不低于 80，那么该学生被评为优秀学生，否则不能被评上。

第一步：确定流程图中使用的变量。

第二步：绘制流程图。

第三步：使用预检表（见表 1.5）计算程序的输出。

表 1.5　预检表

| CScore | NetScore | ProgramScore | AvgScore | 优秀学生 |
|---|---|---|---|---|
| 95 | 90 | 88 | 91 | 是 |
| 89 | 77 | 92 | 86 | 否 |
| 80 | 82 | 84 | 82 | 否 |
| 83 | 90 | 96 | 89.7 | 是 |

## 1.4 循 环

下面考虑这个问题:需要计算 1 到 10 的累加结果。为了解决这个问题,可以声明 10 个变量,分别存储 1 到 10 这 10 个数字。那如果需要计算 1 到 100 的累加结果呢,难道还要去声明 100 个变量来存储这些数字?

分析上述提到的累加,在这个过程中,加法操作是重复执行的,这时可以使用循环这个概念。可以将循环理解为会重复多次的指令序列。有两种常用的循环:指定循环次数的循环和循环次数未知的循环。

**案例 6:绘制流程图,计算 1 到 100 的累加。**

第一步:确定循环。

```
循环次数:100 次
循环内容:加法操作
循环变量:i
循环条件:i<101
```

第二步:绘制流程图(见图 1.11)。

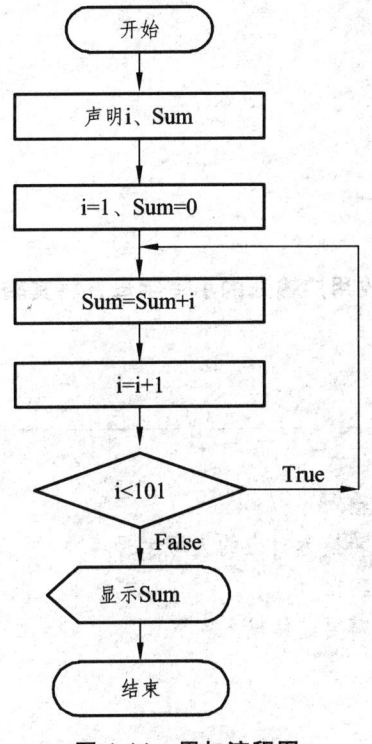

图 1.11 累加流程图

**拓展练习**

问题 5：请绘制流程图，接收用户输入的 10 个数字，求其乘积，并给出预检表计算程序的输出。

案例 7：绘制流程图，接收用户输入的小写字母，将其转换为大写字母之后输出，直到用户输入数字 0 为止。

第一步：确定循环。

```
循环次数：不确定
循环内容：接收用户的输入
        将小写字母转换为对应的大写字母
        将大写字母输出
        显示"是否需要继续输入？"
循环变量：Choice
循环条件：Choice!=0
```

第二步：绘制流程图（见图 1.12）。

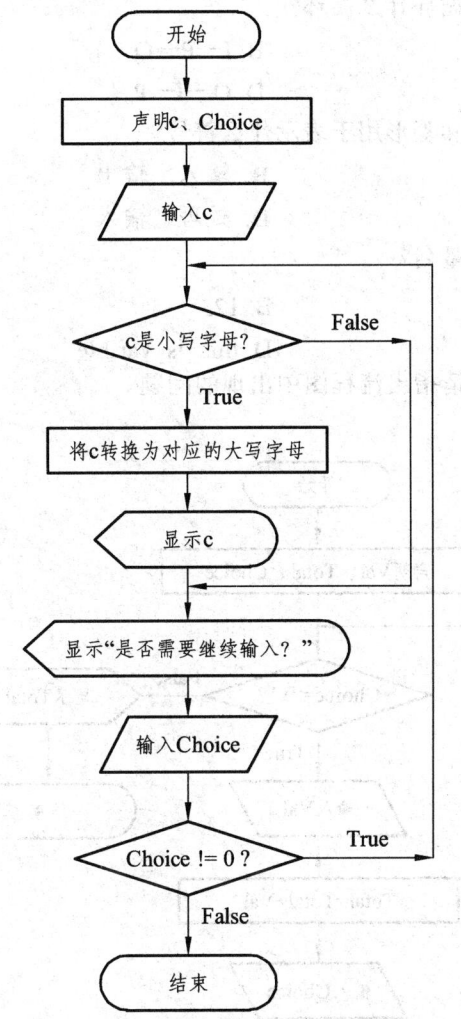

图 1.12　小写字母转换为大写字母流程图

第三步：使用预检表计算程序执行结果。

表 1.6　预 检 表

| 序号 | c | 输出 | Choice |
|---|---|---|---|
| 1 | a | A | Y |
| 2 | B |  | Y |
| 3 | 7 |  | Y |
| 4 | f | F | N |

**课后作业**

1. 计算机执行的活动循环什么循环？
   A. I—O—P  B. I—P—Q
   C. I—P—O  D. O—I—P

2. 在流程图中的矩形和菱形用于表示什么符号？
   A. 处理、判断  B. 输入、输出
   C. 处理、输出  D. 处理、输入

3. 以下哪个是无效变量名？
   A. abcd  B. 123
   C. a1b2  D. this_is_varible

4. 阅读以下流程图，请指出流程图中出现的问题。

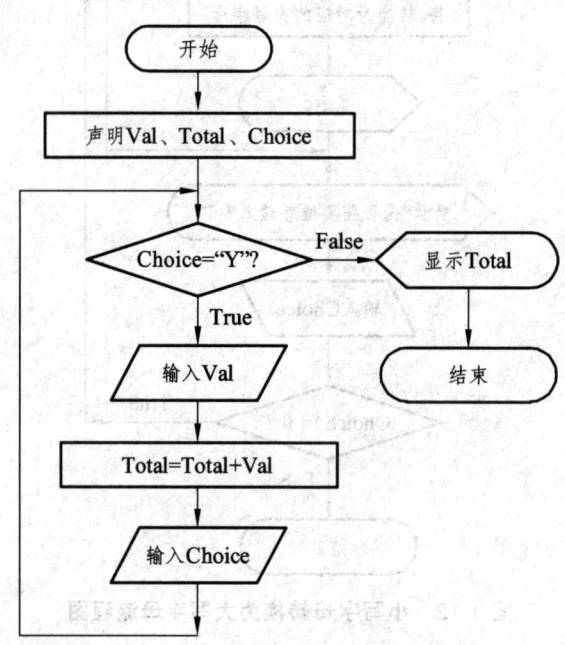

   A. 变量 Choice 应使用值"N"进行初始化
   B. 变量 Val 应当初始化
   C. N 是数值
   D. 变量 Total 应在计算 Total 之后用零重新初始化

5. 以下哪个表达式能够判断人的年龄在 20 到 30 岁之间？
   A. 年龄>20 AND 年龄<30
   B. 年龄>20 OR 年龄<30
   C. 年龄>=20 AND 年龄<=30
   D. 年龄>=20 OR 年龄<=30

6. 阅读流程图，回答以下情况的输出是什么？

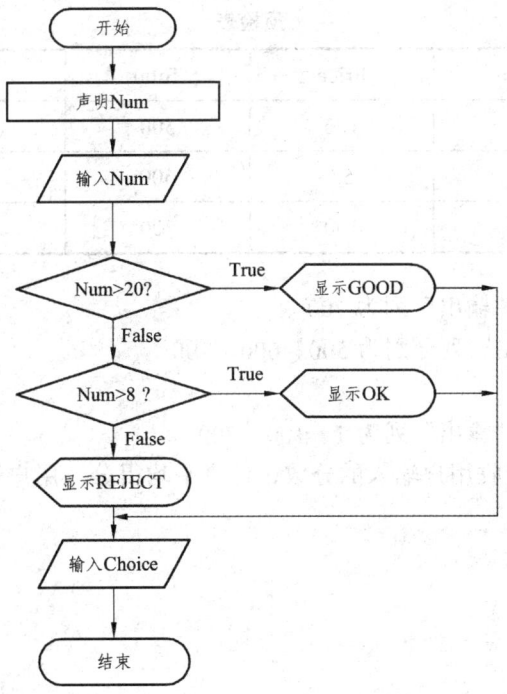

A. Num=35

B. Num=6

C. Num=17

7. 绘制流程图，接收用户输入的数字，判断该数字是否能够被 3 整除。
8. 绘制流程图，接收用户输入的三个数字，按照数值从大到小的顺序显示输入的数字。
9. 绘制流程图，接收用户输入的正方形的边长，求正方形的面积和周长。
10. 阅读流程图，判断预检表的输出结果。

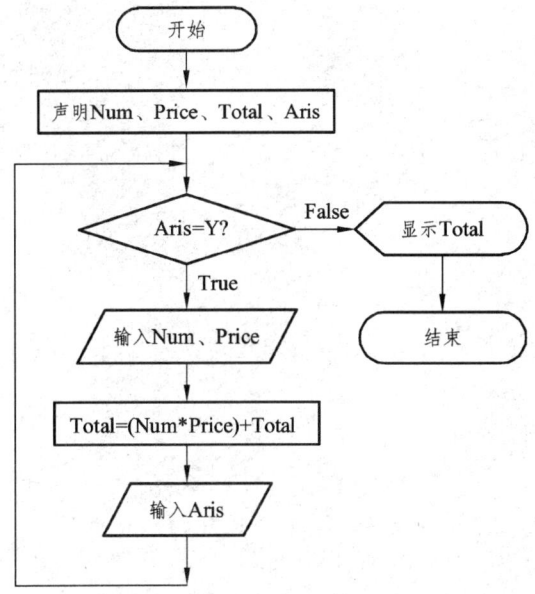

预检表

| 序号 | Num | Price | Total | Aris | 输出 |
| --- | --- | --- | --- | --- | --- |
| 1 | 5 | 100 | 500 | Y | |
| 2 | 2 | 50 | 600 | Y | |
| 3 | 1 | 100 | 700 | N | |

A. 最后一行中"输出"列为 700

B. 三行的"输出"列分别为 500、600、700

C. 没有输出

D. 最后一行中"输出"列为 1、100、700

11. 绘制流程图，接收用户输入的分数，计算平均得分。用户输入的分数个数不限，直到用户输入"N"为止。

# 第 2 章　C 语言基础

**学习目标**

完成本学习任务后，应当能够：
- 理解 C 语言的特点；
- 识别 C 语言程序；
- 熟练使用 Visual C++ 6.0 开发工具。

**学习内容**

- 使用 C 语言程序输出字符 "Hello World"；
- 使用 C 语言程序计算两数之差；
- 使用 C 语言程序接收用户输入的两个数，比较他们的大小，输出较小的数字；
- 使用 Visual C++ 6.0 编写 C 语言程序，输出字符 "This is my first program"。

## 2.1　C 语言的发展历史

C 语言最早的原型是 ALGOL 60。1963 年，剑桥大学将其发展成为 CPL（Combined Programing Language）。1967 年，剑桥大学的 Matin Richardson 对 CPL 语言进行了简化，产生了 BCPL 语言。1970 年，美国贝尔实验室（Bell Labs）的 Ken Thompson 将 BCPL 进行了修改，并取名为 B 语言，意思是提取 BCPL 的精华（Boiling CPL down to its basic good features）。并用 B 语言写了第一个 UNIX 系统。1973 年，AT&T 贝尔实验室的 Dennis Ritchie（D.M.RITCHIE）在 BCPL 和 B 语言的基础上设计出了一种新的语言，取 BCPL 中的第二个字母为名，这就是大名鼎鼎的 C 语言。随后不久，UNIX 的内核和应用程序全部用 C 语言改写，从此，C 语言成为 UNIX 环境先使用得最广泛的主流编程语言。

1978 年，Brian Kernighan 和 Dennis Ritchie 出版了一本书，名叫《The C Programming Language》(中文译名为《C 程序设计语言》)。这本书被 C 语言开发者们称为 "K&R"，很多年来被当做 C 语言的非正式的标准说明。人们称这个版本的 C 语言为 "K&R C"。

1988 年 Brian Kernighan 和 Dennis Ritchie 修改此书，出版了《The C Programming Language》第二版，第二版涵盖了 ANSI C 语言标准。第二版从此成为大学计算机教育有关 C 语言的经典教材，多年后也没再出现过更好的版本。

20 世纪 70 到 80 年代，C 语言被广泛应用，从大型主机到小型微机，也衍生了 C 语言的很多不同版本。

为了统一 C 语言版本，1983 年美国国家标准局 (American National Standards Institute，ANSI)成立了一个委员会，来制定 C 语言标准。1989 年 C 语言标准被批准，被称为 ANSI X3.159-1989 "Programming Language C"。这个版本的 C 语言标准通常被称为 ANSI C。

目前，几乎所有的开发工具都支持 ANSI C 标准。它是 C 语言用得最广泛的一个标准版本。

随后，《The C Programming Language》第二版开始出版发行，书中内容根据 ANSI C（C89）进行了更新。1990 年，在 ISO/IEC JTC1/SC22/WG14（ISO/IEC 联合技术第 1 委员会第 22 分委员会第 14 工作组）的努力下，ISO 批准了 ANSI C 成为国际标准。于是 ISO C（C90）诞生了。

1999年，ANSI 和 ISO 通过了最新版本的 C 语言标准和技术勘误文档，该标准被称为 C 99。这是目前关于 C 语言的最新、最权威的标准了。

## 2.2　C 语言的特点

一种语言之所以能存在和发展，并具有生命力，说明它总是有些不同于或优于其他语言的特点。C 语言就有以下几个基本特点。

（1）C 语言简洁、紧凑，使用方便、灵活。C 语言一共只有 32 个保留字、9 种控制语句，程序书写形式自由，主要用小写字母表示，压缩了一切不必要的成分，与其他计算机语言相比，其源程序较短，因此输入程序时工作量少。

（2）C 语言既具有高级语言的特点，又具有低级语言的一些功能。它允许直接访问地址，能进行位（bit）运算，可以直接对硬件进行操作。

（3）C 语言是一种结构化程序设计语言，它具有结构化控制语句（if-else、while、do-while、switch、for 等语句）。C 语言用函数作为程序模块，以实现程序的模块化。因此，C 语言十分有利于实现结构化、模块化程序设计。

（4）C 语言的运算符类型丰富。C 语言的运算符包含的范围很广泛，共有 34 种运算符。C 语言把括号、赋值、强制类型转换等都作为运算符处理，从而使 C 语言的运算符类型极其丰富，表达式类型多样化。灵活使用各种 C 语言的运算符可以实现在其他高级语言中难以实现的运算。

（5）C 语言的数据类型丰富，具有各种数据类型。C 语言的数据类型有：整型、实型、字符型、数组型、指针型、结构体、共用体和枚举型等。它们能用来实现各种复杂的数据结构。因此，C 语言具有很强的数据处理能力。

（6）C 语言程序中可以使用如#define、#include 等编译预处理语句，能进行字符串或特定参数的宏定义，以及实现对外部文本文件的读取和合并，同时还具有#if、#else 等条件编译预处理语句。这些功能的使用有利于提高程序质量和软件开发的工作效率。

（7）C 语言生成的代码质量高。高级语言能否用来描述系统软件，特别是像操作系统、编译程序等，除了决定于语言表达能力以外，还有一个很重要因素就是该语言的代码质量。

实验表明，C 语言代码效率只比汇编语言代码效率低 10%～20%，C 语言是描述系统软件和应用软件比较理想的工具。

（8）C 语言程序的可移植性好。C 语言程序本身不依赖于机器硬件系统，从而便于在硬件结构不同的机种间和各种操作系统中实现程序的移植。

C 语言的优点很多，但也有不足之处应引起注意。C 语言语法限制不太严格，程序设计时自由度大。例如，对数组下标越界不作检查，由程序编写者自己保证程序的正确。C 语言对变量的类型使用比较灵活。例如，整型与字符型和逻辑型数据可以通用。C 语言允许程序编写者有较大的自由度，放宽了对语法的检查。为此，程序员应当仔细检查程序，保证其正确性，而不要过分地依赖 C 语言编译程序去查错。

## 2.3 简单的 C 语言程序

**案例 1**：使用 C 语言程序输出字符"Hello World"。

```c
// TT.cpp : Defines the entry point for the console application.
//

#include "stdafx.h"

int main(int argc, char* argv[])
{
    printf("Hello World\n");
}
```

本程序的输出为：

```
C:\Program Files\Microso
Hello World
Press any key to continue
```

在案例 1 的程序中，"//"表示注释。

main 表示主函数。每一个 C 语言程序都有一个 main 函数，main 函数的函数体用大括号括起来。C 语言执行的时候从 main 函数开始执行，一直执行到 main 函数结束为止。

在本案例中，main 函数只有一个执行语句，printf，该语句用来实现输出，双引号里面的内容按照原样输出，"\n"表示换行，结果如上图所示，在 Hello World 之后回车换行。

每一个 C 语言语句都必须用分号";"结束。

**案例 2**：使用 C 语言程序计算两数之积。

```c
int main(int argc, char* argv[])
{
```

```
    int num1,num2,result;      //变量声明
    num1=10;                   //初始化变量 num1
    num2=15;                   //初始化变量 num2
    result=num1*num2;          //计算乘积
    printf("result is %d\n",result);
}
```

本程序的输出为：

```
result is 150
Press any key to continue
```

本程序的作用是计算两个数的乘积。为了方便阅读，在程序中使用中文作为注释。注释不影响程序的编译和执行，只是给使用者看的。注释可以加在程序中的任何位置。

int num1,num2,result；是变量的声明部分。声明了 3 个变量，分别是 num1、num2、result，指定他们的数据类型为整型 int。在 C 语言中，变量需要先声明再使用。

num1=10；是赋值语句，将数字 10 赋值给变量 num1，是 num1 的值为 10。

result=num1*num2；是计算语句，将 num1 与 num2 的乘积赋值给变量 result，赋值后，result 的值为 150。

printf("result is %d\n",result);是输出语句。发现此语句与案例 1 的输出语句不太相同，本例中使用了"%d"，该符号表示"以十进制形式输出"。程序执行时，%d 位置上显示的将是一个十进制的数。该数字出现在 printf 语句括号内最右端，就是 result 变量。result 的值为 150，因此程序的输出结果为：result is 150

**案例 3**：使用 C 语言程序接收用户输入的两个数，比较他们的大小，输出较小的数字。

```
int min(int x,int y)
//定义 min 函数，该函数获得两个数中比较小的那个数字
{
    int z;
    if (x>y)
        z=y;
    else
        z=x;
    return z;
    //将 z 的值返回，通过 min 带回到 main 函数中的调用处
}
int main(int argc, char* argv[])
{
    int num1,num2,result;         //变量声明
    scanf("%d %d",&num1,&num2);
    result=min(num1,num2);
```

//调用 min 函数,将得到较小的值赋给变量 result
　　printf("min = %d\n",result);
}
本程序的输出为：

```
12 34
min = 12
Press any key to continue_
```

　　案例 3 中包含两个函数,main 函数和 min 函数。main 函数是主函数,min 函数是被调函数。min 函数用来比较用户输入的两个数的大小,并将较小的数字赋值给 z,通过 return 语句将 z 返回给主调函数。

　　scanf("%d %d",&num1,&num2);语句用来实现用户输入。双引号里面是输入格式,本案例要求两个整数之间需要使用空格分开。"&"符号表示取地址,将用户输入的数字分别放在变量 num1 和 num2 所对应的地址单元中,即为变量 num1 和 num2 赋值。

　　result=min(num1,num2);完成函数调用。在函数调用的过程中,将实参 num1 的值传递给 min 函数的形参 x,将实参 num2 的值传递给 min 函数的形参 y。通过 min 函数的执行获得一个返回值,该返回值为 z,表示两个数中比较小的那一个。将返回值赋给变量 result,通过 printf 语句输出。

　　总结上述给出的三个案例,得出 C 语言程序有以下特点：

　　(1) C 程序是由函数构成的。每个 C 语言程序至少包含一个函数,主函数 main。也可以包含多个函数,一个主函数和多个被调函数。被调函数可以是系统提供的函数,比如 printf 函数和 scanf 函数,也可以是用户自定义的函数,比如案例 3 中的 min 函数。

　　(2) 函数由两部分组成：函数首部、函数体。

　　函数首部是指函数的第一行,包括函数返回值类型、函数名、函数参数(形式参数)类型、函数参数名。函数可以没有参数,但是函数后面的括号是不能够省略。

　　函数体是指函数首部下面大括号里面的部分。

　　(3) C 语言程序总是从 main 函数开始执行,执行到 main 函数结束为止。而不会关注 main 函数的位置,不管 main 函数在程序的开头,或者是中间,甚至是最后。

　　(4) C 语言程序的每一个语句都由分号结束,分号是必不可少的。

　　(5) 在 C 语言程序中,注释可以跟在"//"之后,注释可以提供程序的可读性。

## 2.4　Visual C++ 6.0 开发环境的使用

　　案例 4：使用 Visual C++ 6.0 编写 C 语言程序,输出字符"This is my first program"。

　　第一步：启动编译环境。

图 2.1 启动编译环境

选择"开始"/"所有程序"/"Visual C++ 6.0(二级 C 语言专用版)",如图 2.1 所示,启动编译环境,弹出如图 2.2 所示的界面。

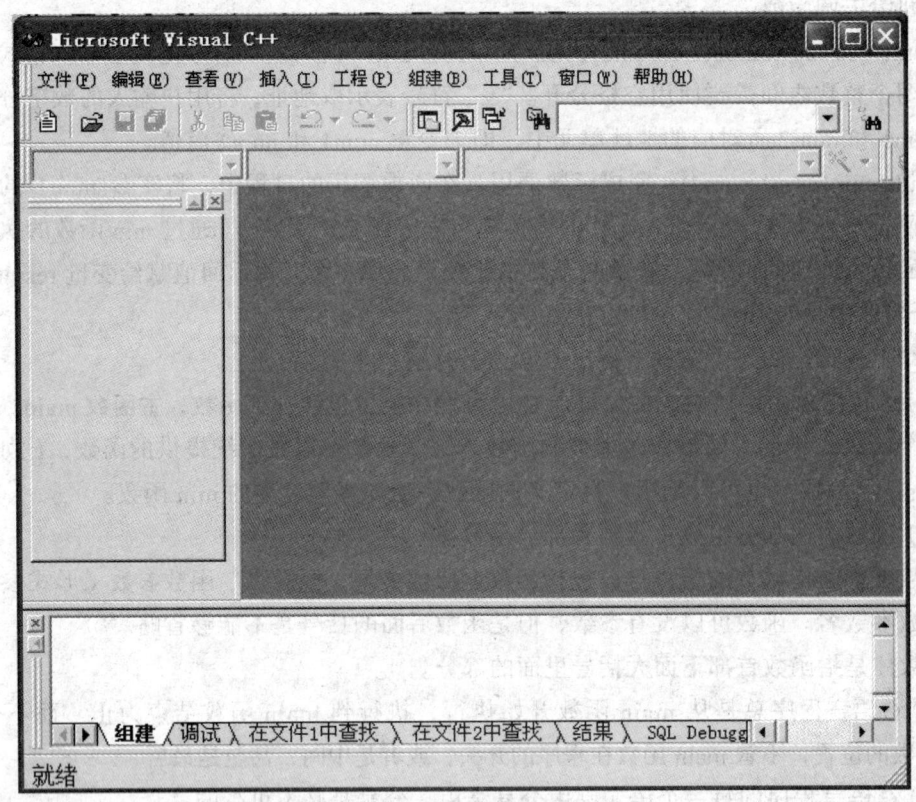

图 2.2 编译环境

第二步:新建 C 语言程序。

选择"文件"菜单下面的"新建"选项,如图 2.3 所示。

图 2.3 "文件"/"新建"

在弹出的"新建"窗口中,选择"工程"选项卡,选中"Win32 Console Application",填写工程名称和位置,点击"确定",如图 2.4 所示。

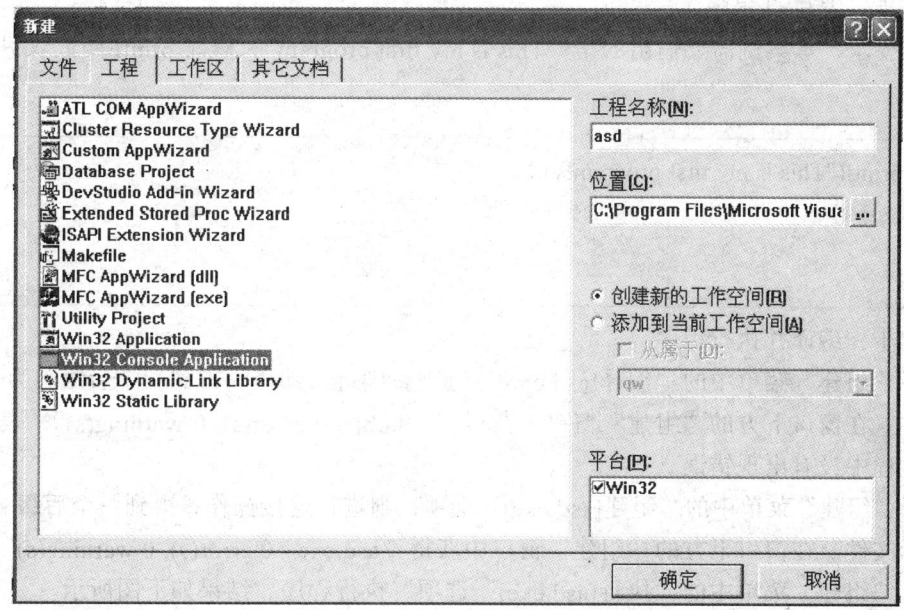

图 2.4 "新建" – "Win32 Console Application"

Visual C++ 6.0 提供了四种类型的控制台程序,选择第三种,"一个 "Hello World" 程序",点击"完成"。如图 2.5 所示。获得新建工程信息,点"确定"完成创建。

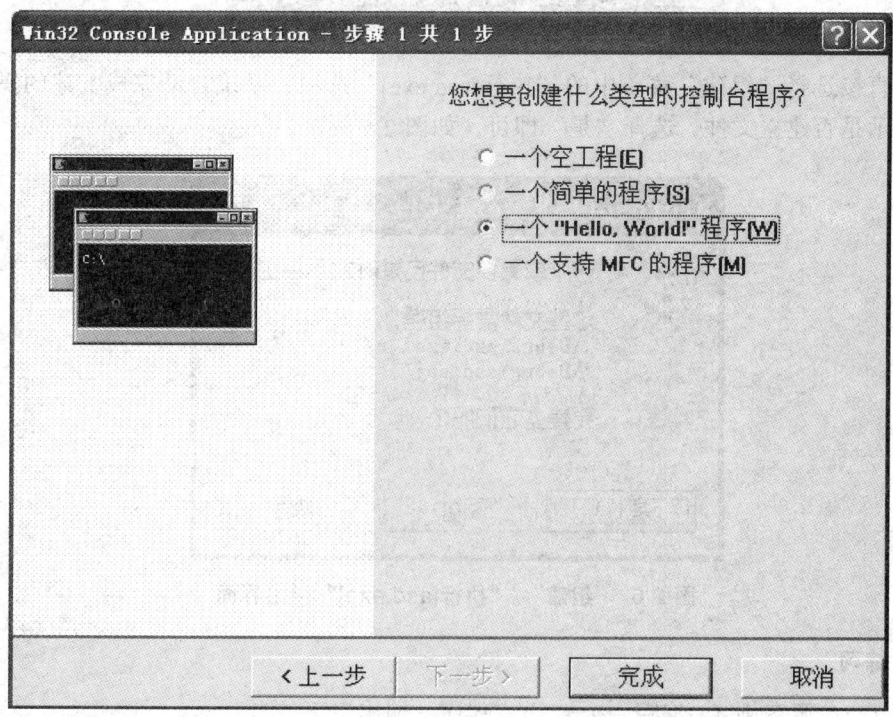

图 2.5 "Win32 Console Application" —— 一个"Hello, World! "程序

选择"FileView",展开"工作区"asd"",选择 asd.cpp 并双击,在右侧窗口可以获得"Hello World"程序。

第三步:编写 C 程序。

根据要求,本案例需要输出的是"This is my first program",修改 printf 函数双引号中的内容为:

```
printf("This is my first program!\n");
```

第四步:编译并执行程序。

选择"组建"菜单中的"编译[asd.cpp]"选项,则进行编译,得到一个后缀名为 obj 的目标文件。在窗口下方的"组建"窗口中获得"asd.obj - 0 error(s), 0 warning(s)",表示程序在编译过程中没有出现错误。

选择"组建"菜单中的"组建[asd.exe]"选项,则进行连接操作,得到一个后缀名为 exe 的可执行文件。在窗口下方的"组建"窗口中获得"asd.exe - 0 error(s), 0 warning(s)"。

选择"组建"菜单中的"执行[asd.exe]"选项,执行程序,结果如下图所示。

也可直接选择"组建"菜单中的"执行[asd.exe]"选项,系统自动完成上述的操作。此时,会提示是否建立文件,选择"是"即可,如图 2.6 所示。

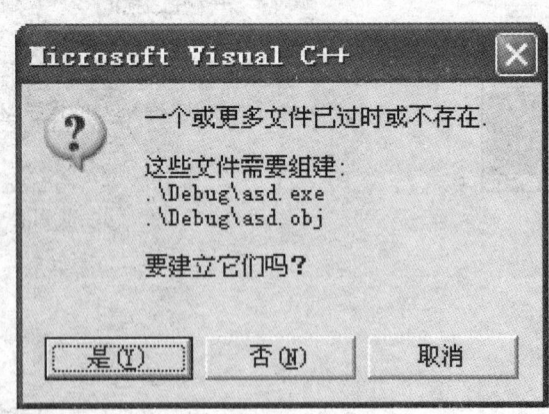

图 2.6 "组建"/"执行[asd.exe]"弹出界面

**拓展练习**

问题 1:参照案例 4,编写一个 C 语言程序,输出以下信息:

\*\*\*\*\*\*\*\*\*\*\*\*\*\*\*\*\*\*\*\*\*\*\*\*\*\*\*\*\*\*
BEST
\*\*\*\*\*\*\*\*\*\*\*\*\*\*\*\*\*\*\*\*\*\*\*\*\*\*\*\*\*\*

问题 2：参照案例 3，编写一个 C 语言程序，接收用户输入的三个数字，输出其中最大的数字。

**课后作业**

1. C 语言的主要用途是什么？
2. 与其他高级语言相比，C 语言有何异同？
3. C 语言以函数为程序的基本单位，有什么优点？

# 第 3 章  变量、数据类型和运算符

**学习目标**

完成本学习任务后，应当能够：
- 理解常量和变量的用法；
- 熟练使用各种不同数据类型；
- 熟练使用运算符；
- 熟练使用输入输出函数。

**学习内容**

- 使用符号常量表示圆周率；
- 计算表达式：32767+1；
- 计算表达式：12345678900+200；
- 接收用户输入的小写字母，将其转换为大写字母之后输出；
- 使用 putchar 函数输出 TEACHER；
- 使用 getchar 函数接收用户的输入；
- 使用 printf 函数输出字符串；
- 使用 scanf 函数接收用户的输入。

## 3.1 变量与常量

### 1. 常 量

在程序运行过程中，值不能够被改变的量称为常量。

常量分为直接常量和符号常量两种。

123、45.67、'd'，这些都是直接常量。

符号常量是使用标识符代表一个常量。

**案例 1：使用符号常量表示圆周率。**

第一步：确定需要使用符号常量表示的内容。

第二步：输入以下程序。

```c
#define PI 3.14
int main(int argc, char* argv[])
{
    float r,Area;
    r=3;
    Area=r*PI*PI;
    printf("Area = %f\n",Area);
}
```

第三步：测试并验证程序运行结果。

**提示**：程序中使用#define命令行定义PI代表常量3.14，此后，凡是本程序中出现的PI都代表3.14，当做常量进行运算。

### 2. 变　量

在程序运行过程中，值能够被改变的量称为变量。变量有变量名，在内存中占据一定的存储单元。该存储单元的内容为变量的值。如图 3.1 所示。

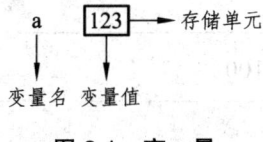

图 3.1　变　量

C 语言规定，变量名可以由数字、字母、下划线构成，第一位必须是字母或下划线。变量名区分大小写，不能与关键字相同。

**拓展练习**

问题 1：请指出下列变量名，哪些是合法的？哪些是非法的？

A. sum

B. _average

C. Total
D. a>b
E. 123
F. teacher
G. M.D.John
H. 3E4F5G
I. $987

C语言中，要求对所有使用的变量做强制定义，即"先定义，后使用"。定义变量时需要指明变量的数据类型，关于数据类型从下一节开始介绍。

## 3.2 整型数据

**1. 整型常量**

整型常量即整常数。C语言中整型常量可用以下三种形式表达：
（1）十进制整型常量，如 123、-123、0。
（2）八进制整型常量，如 0123、-0123，以 0 开头表示八进制数。
（3）十六进制整型常量，如 0x123、-0xABC，以 0x 开头表示十六进制数，A、B、C、D、E、F 分别对应十进制数 10、11、12、13、14、15。

**2. 整型变量**

**案例 2：使用整型变量。**

第一步：定义整型变量 i。

```
int i;
```

第二步：为整型变量 i 赋初值 100。

```
i=100;
```

第三步：绘制整型变量 i 在内存中的存储形式。

> **提示**：数据在内存中都是以二进制形式存储的，首先需要将十进制100换算成二进制。
> 
> 其次，数据是以补码形式存储的，需要将二进制源码转化为补码。正数的补码和源码形式相同。负数的补码按照以下方式求得：将该数字的绝对值的二进制形式按位取反再加1。

**拓展练习**

问题2：为整型变量 i 赋初值-100，绘制整型变量 i 在内存中的存储形式。

在案例2中，使用了 int 定义整型变量。根据数值的范围，整型可分为基本整型、短整型、长整型。

基本整型，使用 int 表示。

短整型，在 int 前面加上 short，使用 short int 表示，或直接使用 short 表示。

长整型，在 int 前面加上 long，使用 long int 表示，或直接使用 long 表示。

对以上三种整型都可以加上修饰符"unsigned"，表示"无符号"类型。加上"signed"，表示"有符号"类型。缺省情况表示有符号。整型变量见表3.1。

表 3.1 整型变量

| 类 型 | 比特数 | 取值范围 | 说明 |
| --- | --- | --- | --- |
| [signed] int | 16 | -32768 ~ 32767 | 整型 |
| unsigned int | 16 | 0 ~ 65535 | 无符号整型 |
| [signed] short [int] | 16 | -32768 ~ 32767 | 短整型 |
| unsigned short [int] | 16 | 0 ~ 65535 | 无符号短整型 |
| [signed] long [int] | 32 | -2147483648 ~ 2147483647 | 长整型 |
| unsigned long [int] | 32 | 0 ~ 4294967295 | 无符号长整型 |

**案例3**：计算表达式：32767+1。

第一步：用 C 语言实现编码。

```
int main(int argc, char* argv[])
{
    short int i,j,sum;
    i=32767;
    j=1;
    sum=i+j;
    printf("sum = %d\n",sum);
}
```

第二步：测试并验证程序运行结果。

程序执行结果如下所示：

第三步：解释出错原因。

  提示：当数据超出数据类型表示的最大范围之后，会出现溢出现象。

## 3.3 实型数据

### 1. 实型常量

实型常量可表示为小数形式或者指数形式。

（1）小数形式，如 1.23、0.123、123.0，由数字和小数点组成，必须包含小数点。

（2）指数形式，如 123.4e0、1.234e2、12.34e1、0.1234e3，字母 e 之前必须有数字，e 之后的指数必须是整数。

一个实数可以由很多种的指数形式，其中只有一种是"规范化的指数形式"，即在字母 e 之前的小数部分中，小数点左边有且只有一位非零的数字。

**拓展练习**

问题 3：请判断以下哪个指数形式是实数 1234.5678 的"规范化的指数形式"表示？

A. 1234.5678e0
B. 123.45678e1
C. 12.345678e2
D. 1.2345678e3
E. 0.12345678e4
F. 0.012345678e5
G. 0.0012345678e6

**2. 实型变量**

C 语言实型变量分为单精度（float）、双精度（double）、长双精度（long double）三类。实型变量见表 3.2。

表 3.2　实型变量

| 类型 | 比特数 | 取值范围 | 有效数字 |
| --- | --- | --- | --- |
| float | 32 | $10^{-37} \sim 10^{38}$ | 6～7 |
| double | 64 | $10^{-307} \sim 10^{308}$ | 15～16 |
| long double | 80 | $10^{-4931} \sim 10^{4932}$ | 18～19 |

**案例 4：计算表达式：12345678900 + 200。**

第一步：用 C 语言实现编码。

```
int main(int argc, char* argv[])
{
    float a,b;
    a=123456.789e5;
    b=a+200;
    printf("a = %f\n",a);
    printf("b = %f\n",b);
}
```

第二步：测试并验证程序运行结果。

程序执行结果如下所示：

第三步：解释出错原因。

> **Tips** 提示：实型数据提供的有效数字是有限的，在有限位之外的数字将会被舍去。舍去之后将产生一些误差。

## 3.4 字符型数据

### 1. 字符型常量

C 语言中字符常量是使用单引号括起来的一个字符，如'a'、'b'、'A'、'?'。请注意，'a'和'A'是两个不同字符常量。

除了以上形式的字符常量之外，C 语言还允许使用一种特殊形式的字符常量，即转义字符。转义字符是以"\"开头的字符，如"\n"，该字符表示换行。常见转义字符见表 3.3。

## 第 3 章 变量、数据类型和运算符

表 3.3 转义字符

| 字符形式 | 含 义 |
|---|---|
| \n | 换行,将当前位置移到下一行的开头位置 |
| \t | 水平向右跳到下一个 tab 位置 |
| \b | 退格,将当前位置移回到前一列的位置 |
| \r | 回车,将当前位置移到本行的开头位置 |
| \f | 换页,将当前位置移到下一页的开头位置 |
| \\ | 反斜杠符号 \ |
| \' | 单引号 ' |
| \" | 双引号 " |
| \ddd | 1 到 3 位由八进制数所代表的字符 |
| \xhh | 1 到 2 位由十六进制数所代表的字符 |

### 2. 字符型变量

字符变量用来存放字符常量,一个字符变量只能够存放一个字符常量。

定义形式:char c1,c2;

赋值形式:c1='a',c2='b';

字符变量在存储时,并不是将字符本身放到变量对应的存储单元中,而是将字符变量对应的 ASCII 码保存在存储单元中。如,字符'a'对应的 ASCII 码为 97,c1 在存储单元中保存的是二进制形式表示的 97,即"01100001"。

C 语言中,字符变量的存储形式和整型变量的存储形式形似,因此,字符数据既可以字符形式输出,也可以整型形式输出。根据 ASCII 码的规律,每一个小写字母比它对应的大写字母的 ASCII 码大 32,可以对字符数据进行算术运算,完成大小写转换。

**案例 5**:接收用户输入的小写字母,将其转换成大写字母之后输出。

第一步:分析大写字母和小写字母之间的代数关系。

第二步：用 C 语言实现编码。

```
int main(int argc, char* argv[])
{
    char c1,c2;
    scanf("%c",&c1);
    c2=c1-32;
    printf("%c\n",c2);
}
```

第三步：测试并验证程序运行结果。

### 3. 字符串常量

字符串常量是由双引号括起来的单个字符或多个字符。如"abc"、"program"。

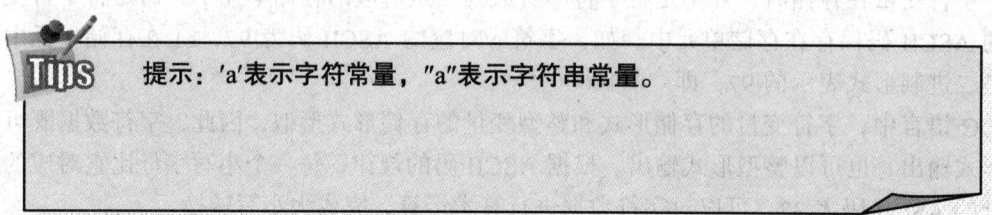

提示：'a'表示字符常量，"a"表示字符串常量。

C 语言中，存储字符常量和字符串常量时是不相同的。C 语言规定：在每一个字符串的结尾位置添加一个"结束标识(\0)"，告诉系统字符串是否结束。"a"的长度是 2，而不是 1，最后一个字符是'\0'。因此，给字符变量 c 赋值'a'是正确的，而给字符变量 c 赋值"a"是错误的。不能够将一个字符串常量赋值给一个字符型的变量。

**拓展练习**

问题 4：有字符串常量"STUDENT"，绘制该字符串常量在内存中的存储形式。

## 3.5 运算符

**1. 运算符简介**

运算符见表 3.4。

表 3.4 运算符

| 优先级 | 运算符 | 说明 | 结合方向 |
| --- | --- | --- | --- |
| 1 | ( ) | 圆括号 | 自左至右 |
|   | [] | 下标运算符 |   |
|   | -> | 分量运算符 |   |
|   | . | 分量运算符 |   |
| 2 | ! | 逻辑非运算符 | 自右至左 |
|   | ~ | 按位取反运算符 |   |
|   | ++ | 自增运算符 |   |
|   | -- | 自减运算符 |   |
|   | - | 负号运算符 |   |
|   | (类型名称) | 数据类型转换运算符 |   |
|   | * | 指针运算符 |   |
|   | & | 指针运算符 |   |
|   | sizeof | 字节运算符 |   |
| 3 | * / % | 算术运算符 | 自左至右 |
| 4 | + - | 算术运算符 | 自左至右 |
| 5 | << >> | 移位运算符 | 自左至右 |
| 6 | > >= < <= | 关系运算符 | 自左至右 |
| 7 | == != | 关系运算符 | 自左至右 |
| 8 | & | 按位与运算符 | 自左至右 |
| 9 | ^ | 按位异或运算符 | 自左至右 |
| 10 | \| | 按位或运算符 | 自左至右 |
| 11 | && | 逻辑与运算符 | 自左至右 |
| 12 | \|\| | 逻辑非运算符 | 自左至右 |
| 13 | ? : | 条件运算符 | 自右至左 |
| 14 | = | 赋值运算符 | 自右至左 |
| 15 | , | 逗号运算符 | 自左至右 |

## 2. 算术运算符

（1）优先级和结合性。

C 语言规定了运算符的优先级和结合性。在表达式求值的时候，先按照运算符的优先级高低执行，如果在一个运算对象两侧的运算符优先级相同，则按照结合方向处理。如，a+b-c*d/e，乘法、除法优先于加法、减法，乘法、除法同级，按照结合方向，自左至右，加法、减法同级，按照结合方向，自左至右，相当于 a+b-((c*d)/e)。

圆括号也可用来改变运算符的执行顺序，圆括号内的运算优先于圆括号外的运算。使用圆括号时，括号必须配对。

（2）数据类型转换。

如果一个运算符两侧的操作数数据类型不同，则先进行数据类型转换，数据类型相同之后再进行运算。

数据类转换如图 3.2 所示。

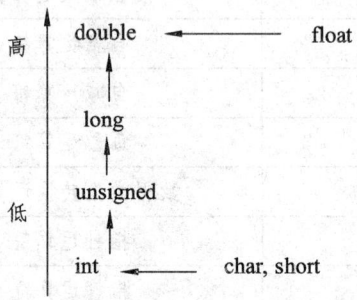

图 3.2　数据类型转换

整型、实型、字符型数据间可以混合计算，但是在计算之前，不同的数据类型需要先转换成同一数据类型，然后再进行运算。

图 3.2 中，水平方向向左的箭头表示必需的转换，如，字符数据、短整型数据在计算之前需要先转换为整型数据，单精度数据在计算之前需要先转换为双精度数据。垂直方向向上的箭头表示当运算对象为不同类型时转换的方向，如，一个 int 类型变量与一个 long 类型变量相加，先将 int 类型变量转换为 long 类型变量，然后完成加法。

> **Tips 提示**：箭头方向只表示数据类型的高低级别，并不会先将int类型转换为unsigned类型，再将unsigned类型转换为long类型。

也可以采用强制数据类型转换的方式。一般形式为：（类型名）（表达式）。

提示：(int)x+y：表示将 x 转换为int类型，然后和 y 相加。
(int)(x+y)：表示将 x+y 的结果转换为int类型。

（3）自增自减运算符。
++：使变量的值增 1。
--：使变量的值减 1。
++i，--i：在使用 i 之前，先使 i 的值加 1、减 1。
i++，i--：先使 i 的值加 1、减 1，再使用 i。

提示：自增、自减运算符只能用于变量，不能用于常量和表达式。如8++，是非法的，因为8是常量，常量的值不能够改变。

### 3. 赋值运算符

（1）赋值运算符。

"="是赋值运算符，表示将一个数据赋给一个变量。当赋值运算符两边操作数的数据类型不相同时，需要完成数据类型转换。

（2）数据类型转换。

将实型数据（float、double）赋值给整型变量时，舍弃实型数据的小数部分。

将整型数据赋值给实型变量时，以浮点数形式存储在变量对应的存储单元中。

将 double 型数据赋值给 float 变量时，截取前面的 7 位有效数字，存储到 float 变量对应的存储单元中。请注意数据范围的溢出情况。

将字符型数据赋值给整型变量时，由于字符型数据占用 1 字节存储空间，整型数据占用 2 字节存储空间，将字符型数据存储到整型变量的低 8 位，并进行符号扩展。

将 int、short、long 型数据赋值给字符型变量时，只将低 8 位存储在字符型变量对应的存储单元中，完成截断操作。

将带符号的整型数据赋值给 long 型变量时，要进行符号扩展。将 long 型数据赋值给 int 型变量时，只将 long 型数据的低 16 为送给 int 型变量即可。

将 unsigned int 型数据赋值给 long 型变量时，高位需补 0。请注意数据范围的溢出情况。

（3）复合的赋值运算符。

在赋值运算符之前加上其他的运算符，就可以构成复合的赋值运算符，如+=，-=。C 语言规定凡是二元运算符，都可以与赋值运算符一起组合而构成复合的赋值运算符。

（4）赋值表达式。

将变量和表达式用赋值运算符连接起来，就构成了赋值表达式。

求解赋值表达式时，先将赋值运算符右边的表达式求出，然后将结果赋值给左边的变量，赋值表达式的值等于被赋值的变量的值。如 c=2，该表达式将 2 赋值给变量 2，表达式的值也为 2。

如 a+=5，等价于 a=a+5，若 a 的初值为 1，执行赋值运算之后，a 的值为 1+5=6。

### 4. 关系运算符

C 语言提供六种关系运算符，见表 3.5。

表 3.5  关系运算符表

| 运算符 | 说明 |
| --- | --- |
| < | 小于 |
| <= | 小于等于 |
| > | 大于 |
| >= | 大于等于 |
| == | 等于 |
| != | 不等于 |

用关系运算符将两个表达式连接起来就称为关系表达式。关系表达式的值为逻辑值，即"真"或"假"。

### 5. 逻辑运算符

C 语言提供三种逻辑运算符：逻辑与（&&）、逻辑或（||）、逻辑非（!）。逻辑表达式的值是一个逻辑量"真"或"假"。C 语言中，以 0 代表"真"，以非 0 代表"假"。

在逻辑表达式的求解中，并不是所有的逻辑运算符都被执行，只有在必须执行下一个逻辑运算符才能求出表达式的值时，才执行该运算符。

（1）a && b && c：只有 a 为真时，才需要判断 b 的值，只有 a 和 b 的值都为真时，才需要判断 c 的值。如果 a 为假，就不判断 b 和 c 的值，因为 a 为假时整个表达式已经为假。如果 a 为真，b 为假，则不判断 c。

（2）a || b || c：只要 a 为真，不需要判断 b 和 c 的值，表达式的值为真。只有 a 为假是才需要判断 b 的值，只有 a 和 b 的值都为假时才需要判断 c 的值。

### 6. 逗号运算符

逗号运算符用于将表达式连接起来，如 1+2,3+4。

逗号表达式的一般形式为：表达式 1, 表达式 2, ……, 表达式 n。逗号表达式的求解过程是先求解表达式 1，再求解表达式 2，直到求解表达式 n。整个逗号表达式的值是表达式 n 的值。

请注意以下两个表达式，他们的结果是不相同的。

x=(a=3,a*4)

x=a=3,a*4

第一个表达式是一个赋值表达式，将圆括号里的逗号表达式的值赋给变量 x，x 的值为 12。

第二个表达式是一个逗号表达式，x 的值为 3，逗号表达式的值为 12。

## 3.6 输入输出函数

**1. putchar 函数**

putchar 函数的作用是向终端输出一个字符。putchar 函数的参数可以是字符型变量也可以是整型变量。如是字符型变量，则输出该字符，如是整型变量，则输出 ASCII 码值为该变量的那个字符。

**案例 6：使用 putchar 函数输出 TEACHER。**

第一步：请列举为字符型变量赋值的方法。

第二步：用 C 语言实现编码。

```c
int main(int argc, char* argv[])
{
    char c1,c2,c3,c4,c5,c6,c7;
    c1='T';
    c2='E';
    c3=65;
    c4='\103';
    c5='\x48';
    c6='E';
    c7='R';
    putchar(c1);
    putchar(c2);
    putchar(c3);
    putchar(c4);
    putchar(c5);
    putchar(c6);
    putchar(c7);
    putchar('\n');
}
```

第三步:测试并验证程序运行结果。

## 2. getchar 函数

getchar 函数的作用是从终端输入一个字符。getchar 函数没有参数,函数值就是从输入设备得到的字符。

 提示:getchar 函数只能够接收用户输入的一个字符。

案例 7:使用 getchar 函数接收用户的输入。

第一步:用 C 语言实现编码。

```
int main(int argc, char* argv[])
{
    char c1,c2;
    c1=getchar();
    c2=getchar();
    putchar(c1);
    putchar(c2);
    putchar('\n');
}
```

第二步：输入 ab ↙，执行程序，写出程序执行结果。

第三步：输入 abcdefg ↙，执行程序，写出程序执行结果。

第四步：输入 ⌐a ↙，执行程序，写出程序执行结果。

第五步：输入 ⌐abcde ↙，执行程序，写出程序执行结果。

## 3. printf 函数

printf 函数的作用是向终端按指定格式输出多个数据。

printf 函数的一般形式为：printf(格式控制，输出列表)。

（1）格式控制包含两方面内容：

① 格式转换说明，由"%"和格式字符组成，如%d、%f其作用是将输出的数据转换为指定的格式输出。格式字符见表3.6。

表 3.6  格式字符

| 格式字符 | 说明 |
| --- | --- |
| d | 输出十进制整数 |
| o | 输出八进制整数 |
| x | 输出十六进制整数 |
| u | 输出 unsigned 型数据，即无符号的十进制数据 |
| c | 输出一个字符 |
| s | 输出一个字符串 |
| f | 输出实数，以小数形式输出 |
| e | 输出实数，以指数形式输出 |
| g | 输出实数，根据数值大小自动选择 e 或 f 格式 |

在格式转换说明中，%和上述格式字符之间可以插入以下几种附加修饰符，见表3.7。

表 3.7  修饰符

| 修饰符 | 说明 |
| --- | --- |
| 字母 l | 用于长整型数据，可用在格式符 d、o、x、u 前面 |
| m（正整数） | 数据最小宽度 |
| n（正整数） | 对实数表示输出 n 位小数，对字符串表示截取字符长度 |
| - | 输出结果左对齐 |

② 普通字符，即需要按照原样输出的字符，也写在格式控制内。

（2）输出列表是需要输出的数据，可以是常量、变量、表达式。

使用 printf 函数，格式说明与输出列表的个数要相等，从左到右在类型上也必须一一对应匹配，不匹配则会导致错误。如需要输出"%"，则应该在格式字符串中使用两个百分号"%%"。

**案例 8**：使用 printf 函数输出字符串。

第一步：用 C 语言实现编码。

```
int main(int argc, char* argv[])
{
    printf("%3s,%7.2s,%.4s,%-5.3s\n","CHINA","CHINA","CHINA","CHINA");
}
```

第 3 章  变量、数据类型和运算符    47

第二步：执行程序，写出输出结果。

第三步：解释执行结果。

**拓展练习**

问题 5：给出以下程序的输出结果。

```
int main(int argc, char* argv[])
{
    float f=1234.5678;
    printf("%f    %10f    %10.2f    %.2f    %-10.2f\n",f,f,f,f,f);
}
```
程序的输出结果为：

### 4. scanf 函数

scanf 函数的作用是从终端按指定格式输入一个或多个数据。

scanf 函数的一般形式为：scanf(格式控制，地址列表)

格式控制与 printf 函数相同，地址列表是由若干个地址组成的列表，可以是变量的地址，也可以是字符串的首地址。

在格式控制串中，格式说明的个数应该与输入列表项的个数相同，且要类型匹配，如不匹配，会导致错误。如果在格式控制串中除了格式说明之外还有其他字符，则在输入数据时应该输入与这些字符相同的字符。在使用"%c"格式输入字符时,空格字符和转义字符都会被视为有效字符。在输入数据时,遇到空格、回车、Tab 键则输入结束。

**案例 9:使用 scanf 函数接收用户的输入。**

第一步:用 C 语言实现编码。

```
int main(int argc, char* argv[])
{
int a,b;
scanf("%d %d",&a,&b);
printf("a=%d b=%d\n",a,b);
}
```

第二步:输入 1⌴2 ↵,执行程序,写出程序执行结果。

第三步:输入 1⌴⌴⌴⌴⌴2 ↵,执行程序,写出程序执行结果。

第四步:输入 1,2 ↵,执行程序,写出程序执行结果。

第五步：输入 1 ✓

2 ✓，执行程序，写出程序执行结果。

**课后作业**

1. 写出下面赋值的结果。表格中写了数值的是将它赋值给其他类型的变量，将所有空格都填上赋值后的数值。

| int | 99 | | | | 42 | |
|---|---|---|---|---|---|---|
| char | | 'd' | | | | x |
| unsigned int | | | 76 | | | 65535 |
| float | | | | 56.78 | | |
| long int | | | | | 68 | |

2. 写出下列表达式的计算结果，a 和 n 是已经定义的整型变量，a=12，n=5。

（1）a+=a

（2）a-=2

（3）a*=2+3

（4）a/=a+a

（5）a%=(n%2)

（6）a+=a-=a*=a

3. 编写 C 语言程序，上机调试，验证上题的答案。

4. 编写程序求解一元二次方程 $ax^2+bx+c=0$，其中，a、b、c 由用户通过键盘输入，设 $b^2-4ac>0$。

5. 编写程序，要求用户输入圆柱的高和底面圆半径，求解底面圆周长、底面圆面积、圆柱体积。输入时，使用 scanf 函数，输出时，使用 printf 函数，精确到小数点后 2 位小数。

# 第 4 章　条件结构

**学习目标**

完成本学习任务后，应当能够：
- 熟练使用 if 结构；
- 熟练使用嵌套 if 结构；
- 熟练使用 switch 结构；
- 理解条件运算符的用法。

**学习内容**

- 用 if 语句实现：输入两个实数，按代数值由小到大的顺序输出这两个数；
- 用 if-else 语句实现：从键盘输入年份，判断是否是闰年；
- 用 switch 语句实现：一个学生的成绩分成五等，超过 90 分的为'A'，80-89 的为'B'，70-79 为'C'，60-69 为'D'，60 分以下为'E'。现在输入一个学生的成绩，输出他的等级。

## 4.1　条件结构简介

条件结构又称为选择结构，是结构化程序设计的三种基本结构之一。

在前面章节中已经学习了使用 scanf 函数输入数据。在用 C 语言解决实际问题时，常常会遇到针对不同的输入数据进行判断，然后给出不同结果的情况。例如：从键盘上输入一个学生某门课程的成绩，如果输入的成绩大于或等于 60，则屏幕上显示"及格"；如果输入的成绩小于 60，则显示"不及格"。像这种根据条件判断然后决定输出结果的操作，在 C 语言中通常用条件结构来实现。

C 语言中实现条件结构可以用 if 语句、if-else 语句、if-else if 语句和 switch 语句来实现。

## 4.2　if 语句

用 if 语句可以构成分支结构。它根据给定的条件进行判断，以决定执行某个分支程序段。C 语言的 if 语句有三种基本形式。

## 4.2.1 简单 if 语句

**1. 语  法**

语法如下：

```
if(表达式)
    语句 1;
```

**2. 执行流程**

执行流程如图 4.1 所示。

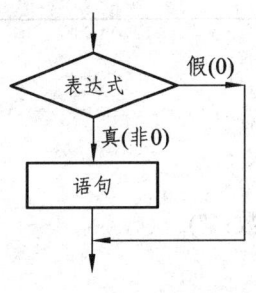

图 4.1  执行流程图

**3. 使用注意事项**

（1）表达式一般为逻辑表达式或关系表达式。若表达式的值为 0，按"假"处理，若表达式的值为非 0，按"真"处理。由此可见，表达式类型还可以是算术表达式，甚至可以是任意数值类型的变量、常量。

（2）在 if 语句中，条件判断表达式必须用括号括起来，在语句之后必须加分号。

（3）表达式的值为真要执行的语句不止一条时，需要用"{","}"将语句括起来。

**案例 1**：输入两个实数，按代数值由小到大的顺序输出这两个数。

第一步：识别所要用到的变量、数据类型及其所用到的流程控制语句。

第二步：运用第 1 章中所学知识，画出其流程图。

第三步：用 C 语言编码实现。

```c
#include <stdio.h>
void main()
{
    float a,b,t;
    printf("\n 请输入两个实数：");
    scanf("%f%f",&a,&b);
    if(a>b)
{
   t=a;
   a=b;
   b=t;
}
printf("大数：%5.2f\t 小数：%5.2f",a,b);
}
```

第四步：测试并验证程序运行结果。

## 4.2.2 if-else 语句

除了可以指定在条件为真时执行某些语句外，还可以在条件为假时执行另外一段代码。在 C 语句中利用 else 语句来达到这个目的。

### 1. 语法

语法如下：

```
if(表达式)
    语句 1;
else
    语句 2;
```

### 2. 执行流程

执行流程如图 4.2 所示。

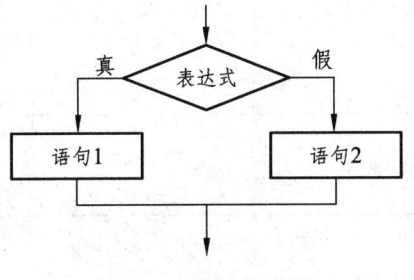

图 4.2　执行流程图

### 3. 使用注意事项

（1）当语句 1 或语句 2 是多于一个语句时，需要用"{"和"}"把语句括起来。
（2）if(表达式)后不应该加分号。
（3）else 必须有相应的 if 语句与之匹配。

**案例 2**：编程实现，从键盘输入一年份，判断是否是闰年？

> **TIPS**　分析：当年份既能被4整除，但不能被100整除；或这个年份能被400整除，则该年是闰年。

第一步：识别判断年份 year 是否为闰年的条件。

　　　　year % 4 == 0 && year % 100 != 0 || year % 400 == 0

第二步：运用第 1 章中所学知识，画出其流程图。

第三步：用 C 语言编码实现。

```
#include <stdio.h>
void main()
{
int year;
printf("\n 从键盘输入一年份：");
scanf("%d",&year);
if(year%4==0 && year%100!=0 || year%400 == 0)
    {
        printf("\n%d 是闰年",year);
    }
else
    {
        printf("\n%d 不是闰年",year);
    }
}
```

第四步：测试并验证程序运行结果。

### 4.2.3 if-else-if 语句

**1. 语 法**

语法如下：

```
if(表达式1)
    语句1;
else if(表达式2)
    语句2;
else if(表达式3)
    语句3;
    …
else if(表达式m)
    语句m;
else
    语句n;
```

**2. 执行流程**

依次判断表达式的值，当出现某个值为真时，则执行其对应的语句。然后跳到整个 if 语句之外继续执行程序。如果所有的表达式均为假，则执行语句 n。然后继续执行后续程序。如图 4.3 所示。

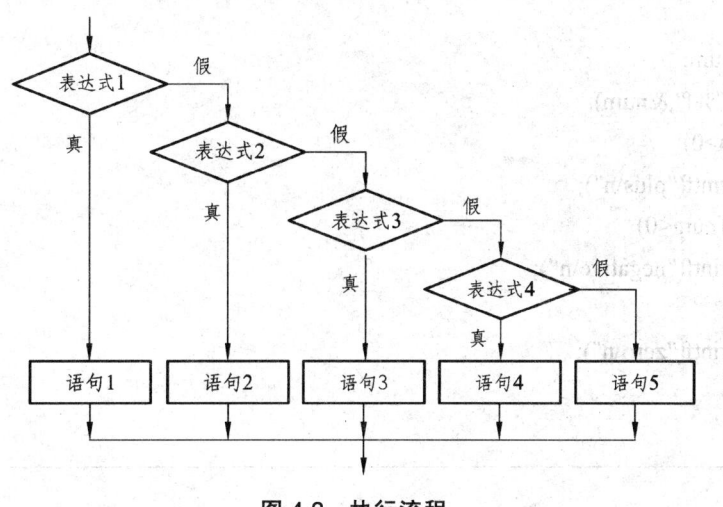

图 4.3 执行流程

### 3. 使用注意事项

（1）如果每一个条件中有多于一条语句要执行时,必须使用"{"和"}"把这些语句包括在其中。

（2）条件语句可以嵌套,这种情况经常碰到,但条件嵌套语句容易出错,其原因主要是不知道哪个 if 对应哪个 else。

例如：

if(x>20||x<-10)
　if(y<=100&&y>x)
　　　printf("Good");
　else
　　　printf("Bad");

对于上述情况,Turbo C 2.0 规定：else 语句与最近的一个 if 语句匹配,上例中的 else 与 if(y<=100&&y>x)相匹配。

**案例 3**：输入一个数,如果大于 0,输出 plus；如果是负数,输出 negative；如果正好是 0,则输出 zero。

第一步：识别所要用到的变量及其数据类型。

第二步：用 C 语言编程实现。

```c
#include <stdio.h>
void main()
{
float num;
scanf("%f",&num);
if(num>0)
    printf("plus\n");
else if(num<0)
    printf("negative\n");
else
    printf("zero\n");
}
```

第三步：测试并验证运行结果。

## 4.3 switch 语句

C 语言还提供了另一种用于多分支选择的 switch 语句，它能解决 if-else-if 结构中分支过多、结构冗长、程序逻辑关系不清晰的问题。

**1. 语　法**

语法如下：

```
switch(表达式)
{
    case 常量表达式 1:   语句 1;
    case 常量表达式 2:   语句 2;
        …
    case 常量表达式 n:   语句 n;
    default          :   语句 n+1;
}
```

**2. 执行流程**

首先计算表达式的值。并逐个与其后的常量表达式值相比较，当表达式的值与某个常量表达式的值相等时，即执行其后的语句，然后不再进行判断，继续执行后面所有 case 后的语句。如表达式的值与所有 case 后的常量表达式均不相同时，则执行 default 后的语句。

**3. 使用注意事项**

（1）switch 后面括号内的"表达式"，应该为整型或字符类型，不能是 float，double 或 void 类型。

（2）当表达式的值与某一个 case 后面的常量表达式的值相等时，就执行此 case 后面的语句，若所有的 case 后的常量表达式的值都和表达式的值不匹配，就执行 default 后面的语句。

（3）每个 case 后的常量表达式的值必须互不相同。

（4）执行完一个 case 后的语句后，流程控制转到下一个 case 继续执行。当需要结束其后 case 语句的执行时，需要加上 break 语句。

（5）case 后的语句不止一条时，不必用花括号括起来。

（6）多个 case 可以共用一组执行语句。

（7）default 子句可以省略不用。

（8）各 case 和 default 子句的先后顺序可以变动，但不会影响程序执行结果。

**案例 4**：一个学生的成绩分成五等，超过 90 分的为'A'，80-89 的为'B'，70-79 为'C'，60-69 为'D'，60 分以下为'E'。现在输入一个学生的成绩，输出他的等级。

> **Tips** 分析：该案例既可以用 if 语句嵌套也可以用 switch 语句来实现，由于使用 if 语句嵌套会使嵌套层数过多，结构不太清楚，因此本题选用 switch 语句来实现。

第一步：识别 switch 语句应该使用的表达式。

　　score/10

第二步：运用第 1 章中所学知识，画出其流程图。

第三步：用 C 语言编码实现。

```c
#include <stdio.h>
void main()
{
    int score;
    printf("\n 请输入分数： ");
    scanf("%d",&score);
    switch(score/10)
    {
    case 10:
    case 9:
        printf("\nA");
        break;
    case 8:
        printf("\nB");
        break;
    case 7:
        printf("\nC");
        break;
    case 6:
        printf("\nD");
        break;
    default:
        printf("\nE");
    }
}
```

第四步：测试并验证程序运行结果。

## 4.4 多重 if 和 switch 的比较

（1）多重 if 结构和 switch 结构都可以用来实现多路分支。
（2）多重 if 结构用来实现两路、三路分支比较方便，而 switch 结构实现三路以上分支比较方便。
（3）在使用 switch 结构时，应注意分支条件要求是整型表达式，而且 case 语句后面必须是常量表达式。
（4）有些问题只能使用多重 if 结构来实现，例如要判断一个值是否处在某个区间的情况。

## 4.5 条件运算符

如果在条件语句中，只执行单个的赋值语句时，常可使用条件表达式来实现。不但使程序简洁，也提高了运行效率。
条件运算符为?和:，它是一个三目运算符，即有三个参与运算的操作数。

**1. 语　法**

语法如下：

> 表达式 1？表达式 2：表达式 3

**2. 执行流程**

如果表达式 1 的值为真，则以表达式 2 的值作为条件表达式的值，否则以表达式 2 的值作为整个条件表达式的值。

**3. 使用注意事项**

（1）条件表达式通常用于赋值语句之中。
例如，条件语句：
　　if(a>b)　max=a;
　　　　else max=b;
可用条件表达式写为
　　max=(a>b)?a:b;
执行该语句的语义是：如 a>b 为真，则把 a 赋予 max，否则把 b 赋予 max。
（2）条件运算符的运算优先级低于关系运算符和算术运算符，但高于赋值运算符。因此
　　max=(a>b)?a:b
可以去掉括号而写为
　　max=a>b?a:b
（3）条件运算符?和：是一对运算符，不能分开单独使用。

（4）条件运算符的结合方向是自右至左。

　　例如：

　　　　a>b?a:c>d?c:d

应理解为

　　　　a>b?a:(c>d?c:d)

这也就是条件表达式嵌套的情形，即其中的表达式 3 又是一个条件表达式。

**拓展练习**

问题 1：给出一个不多于 5 位的正整数，要求：
（1）求出它是几位数；
（2）分别输出每一位数字；
（3）按逆序输出各位数字，例如原数为 123，则输出 321。

问题 2：从键盘输入一个数，将各位上为偶数的数去除，剩余的数按原来从高位到低位的顺序组成一个新的数。

　　例如，输入一个数：27638496，新的数：为 739。

问题 3：求 $ax^2+bx+c=0$ 方程的解。

问题 4：计算器程序。用户输入运算数和四则运算符，输出计算结果。

**课后作业**

1. 输入 x，输出 y，x 和 y 满足关系：

   x<-5　　　　y=x；

   -5<=x<1　　y=2*x+5；

   1<=x<4　　 y=x+6；

   x>=4　　　　y=3*x-2；

2. 输入一个数 x,输出 y。其中 y 是 x 的绝对值。

3. 输入三个数 x,y,z,然后按从大到小输出。

4. 有以下程序段：

   　int k=0,a=1,b=2,c=3；

   　k=a<b ? b:a；

   　k=k>c ? c:k；

执行该程序段后，k 的值是（　　　）。

　A. 3

　B. 2

　C. 1

　D. 0

5. 有以下程序

#include<stdio.h>

void main()

{

```
            int x=1,y=2,z=3;
            if (x>y)
            if(y<z)
                printf("%d",++z);
            else
                printf("%d",++y);
            printf("%d\n",z++);
        }
```
程序的运行结果是（　　　）。

6. 若有表达式（w）？（-x）：（++y），则其中与 w 等价的表达式是（　　　）。

    A. w==1

    B. w==0

    C. w!=1

    D. w!=0

7. 下列条件语句中功能与其他语句不同的是（　　　）。

    A. if(a) printf("%d\n",x); else printf ("%d\n",y);

    B. if(a==0) printf("%d\n",y); else printf("%d\n",x);

    C. if(a!=0) printf("%d\n",x); else printf("%d\n",y);

    D. if(a==0) printf("%d\n",x); else printf("%d\n",y);

# 第 5 章 循环结构

**学习目标**

完成本学习任务后,应当能够:
- 理解循环结构的执行流程及适用场合;
- 熟练使用 while 语句解决实际问题;
- 熟练使用 do-while 语句解决实际问题;
- 熟练使用 for 语句解决实际问题;
- 理解 while 语句和 do-while 语句的区别。

**学习内容**

- 用 while 语句实现求 1+2+3+…+100;
- 用 do-while 语句实现求 1+2+3+…+100;
- 用 for 语句实现:找出 100~200 之间所有的素数。

## 5.1 循环结构简介

循环结构是程序中一种很重要的结构。其特点是,在给定条件成立时,反复执行某程序段,直到条件不成立为止。给定的条件称为循环条件,反复执行的程序段称为循环体。C 语言提供了多种循环语句,可以组成各种不同形式的循环结构。

(1)用 goto 语句和 if 语句构成循环;
(2)用 while 语句;
(3)用 do-while 语句;
(4)用 for 语句。

C 语言中一般用 while 语句、do-while 语句和 for 语句来实现循环。尽管 if 语句和 goto 语句也可能实现循环,但不提倡使用,本教材中不介绍这种方法的使用。

## 5.2 while 语句

while 语句用来实现"当型"循环。

## 1. 语　法

语法如下：

```
while(表达式)
    语句
```

其中表达式是循环条件，语句为循环体。

while 语句的语义是：计算表达式的值，当值为真(非 0)时，执行循环体语句。

## 2. 执行流程

执行流程如图 5.1 所示。

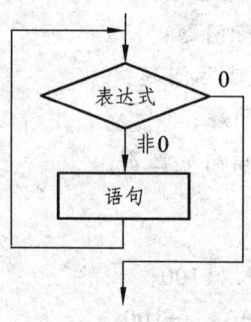

图 5.1　执行流程

## 3. 使用注意事项

（1）当 while 的括号后加上分号，表示循环体为空语句。

例如：

while((c=getchar())!='\n');

这个循环直到键入回车为止。因此，在使用时要谨慎。

（2）可以有多层循环嵌套。

（3）循环体如果包含的语句不至一条，应该用"{"和"}"括起来。如果不加花括号，则 while 语句的范围只到 while 后面第一个分号处。

（4）在循环体中应有使循环趋于结束的语句，避免出现死循环。

**案例 1**：用 while 语句实现 1+2+3+…+100。

第一步：识别所要用到的循环变量、循环条件、循环体语句及使循环趋于结束的语句。

```
循环变量及初值：_____
循环条件：_____
循环体语句：_____
使循环趋于结束的语句：_____
```

第二步：运用第 1 章中所学知识，画出其流程图。

第三步：用 C 语言编程实现。

```c
#include <stdio.h>
void main()
{
    int i=1;sum=0;
    while(i<=100)
    {
        sum=sum+i;
        i=i+1;
    }
    printf("1+2+…+100=%d",sum);
}
```

第四步：测试并验证程序运行结果。

## 5.3 do-while 语句

do-while 语句的特点是先执行循环体，然后再判断循环条件是否成立。

**1. 语　法**

语法如下：

```
do
    语句
while(表达式);
```

与 while 语句的不同在于：它先执行循环中的语句，然后再判断表达式是否为真，如果为真则继续循环；如果为假，则终止循环。因此，do-while 循环至少要执行一次循环语句。

**2. 执行流程**

执行流程如图 5.2 所示。

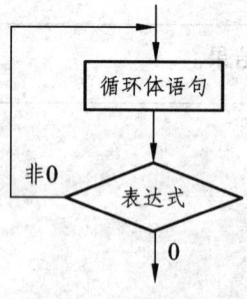

图 5.2　执行流程

**3. 使用注意事项**

（1）while（循环条件）；之后的"；"不能省略；

（2）先执行循环体，再判断循环条件，因此，循环体至少要执行一次；

（3）当有许多语句参加循环时，要用"{"和"}"把它们括起来。

**案例 2：用 do-while 语句实现：计算并输出 Fibonacci 数列的前十项。**

> **Tips 分析：** Fibonacci 数列第一项和第二项为 1，以后每一项等于前两项之和。比如：1，1，2，3，5，8，13，…
> 分别用 num1,num2 表示前两项数据，num3=num1+num2。

第一步：识别所要用到的循环变量、循环条件、循环体语句及使循环趋于结束的语句。

循环变量及初值：_____
循环条件：_____
循环体语句：_____
使循环趋于结束的语句：_____

第二步：运用第 1 章中所学知识，画出其流程图。

第三步：用 C 语言编码实现。

```c
#include <stdio.h>
void main()
{
    int i;
    int num1,num2,num3;
    //为 Fibonacci 数列第一项，第二项赋值为 1
    num1=num2=1;
    printf("\nFibonacci 数列前十项为：\n");
    //输出 Fibonacci 数列第一项和第二项的值
    printf("%d\t%d\t",num1,num2);
    i=3;
    do
    {
        num3=num1+num2;
        printf("%d\t",num3);
        num2=num3;
        num1=num3-num1;
        //一行输出 5 个数据
        if(i%5==0)
            printf("\n");
        i++;
    }while(i<=10);
}
```

第四步：测试并验证程序运行结果。

### 4. while 语句和 do-while 语句的比较

请阅读 example1.c 和 example2.c 这两个源程序，分析：当从键盘输入 15 时，程序运行结果。

```
/* example1.c */
#include <stdio.h>
void main()
{    int i,sum=0;
     scanf("%d",&i);
     do
     {    sum+=i;
          i++;
     }while(i<=10);
     printf("%d",sum);
}
```

```
/* example2.c */
#include <stdio.h>
void main()
{    int i,sum=0;
     scanf("%d",&i);
     while(i<=10)
     {    sum+=i;
          i++;
     }
     printf("%d",sum);
}
```

example1.c 程序中,当键盘输入为 15 时,运行结果是:15;example2.c 程序中,当键盘输入为 15 时,运行结果是:0。由此不难发现 while 语句和 do-while 语句的区别。

while 语句先判断条件再执行循环体,有可能一次也不执行循环体;do-while 语句先执行循环体,再判断条件,至少要执行一次循环体。

## 5.4 for 语句

在 C 语言中 for 语句使用最为灵活,不仅可以用于循环次数已经确定的情况,而且可以用于循环次数不确定而只给出了循环结束条件的情况。

**1. 语　法**

语法如下:

```
for(表达式 1;表达式 2;表达式 3)
    语句
```

**2. 执行流程**

(1)先求解表达式 1。

(2)求解表达式 2,若其值为真(非 0),则执行 for 语句中指定的内嵌语句,然后执行下面第(3)步;若其值为假(0),则结束循环,转到第(5)步。

(3)求解表达式 3。

(4)转回上面第(2)步继续执行。

（5）循环结束，执行 for 语句下面的一个语句。

执行流程如图 5.3 所示。

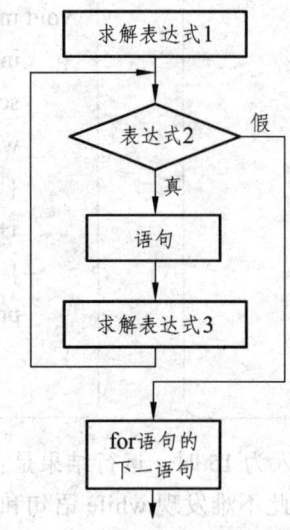

图 5.3 执行流程

### 3. 使用注意事项

（1）for 语句最简单的应用形式也是最容易理解的形式为：

    for（循环变量赋初值；循环条件；循环变量增量）

        语句

（2）for 语句中的"表达式 1（循环变量赋初值）"、"表达式 2（循环条件）"和"表达式 3（循环变量增量）"都是选择项，即可以缺省，但";"不能缺省。

（3）省略了"表达式 1（循环变量赋初值）"，表示不对循环控制变量赋初值。

（4）省略了"表达式 2（循环条件）"，则不做其他处理时便成为死循环。

例如：

    for(i=1;; i++)sum=sum+i;

相当于：

    i=1;

    while(1)

        {sum=sum+i;

         i++; }

（5）省略了"表达式 3（循环变量增量）"，则不对循环控制变量进行操作，这时可在语句体中加入修改循环控制变量的语句。

例如：

    for(i=1; i<=100; )

        {sum=sum+i;

         i++; }

（6）省略了"表达式 1（循环变量赋初值）"和"表达式 3（循环变量增量）"。

例如：

```
        for(; i<=100; )
          {sum=sum+i;
           i++; }
```
相当于:
```
        while(i<=100)
           {sum=sum+i;
            i++; }
```
（7）3个表达式都可以省略。

例如：
```
        for(;;)语句
```
相当于:
```
        while(1)语句
```
（8）表达式1可以是设置循环变量的初值的赋值表达式，也可以是其他表达式。

例如：
```
        for(sum=0; i<=100; i++)sum=sum+i;
```
（9）表达式1和表达式3可以是一个简单表达式也可以是逗号表达式。
```
        for(sum=0,i=1; i<=100; i++)sum=sum+i;
```
或：
```
        for(i=0,j=100; i<=100; i++,j--)k=i+j;
```
（10）表达式2一般是关系表达式或逻辑表达式，但也可是数值表达式或字符表达式，只要其值非零，就执行循环体。

例如：
```
            for(i=0; (c=getchar())!='\n'; i+=c);
```
又如：
```
            for(; (c=getchar())!='\n'; )
               printf("%c",c);
```

**案例3**：用 for 语句实现：找出 100～200 之间所有的素数。

> **Tips**  判断一个数m是否是素数的方法：让m被2到$\sqrt{m}$除，如果m能被2到$\sqrt{m}$中任何一个整数整除，m就不是素数。否则m就是素数。
> math.h中的sqrt函数可以实现计算$\sqrt{m}$。

第一步：识别所要用到的循环变量、循环条件、循环体语句及使循环趋于结束的语句。

| | |
|---|---|
| 循环变量及初值： | |
| 循环条件： | |
| 循环体语句： | |
| 使循环趋于结束的语句： | |

第二步：运用第 1 章中所学知识，画出其流程图。

第三步：用 C 语言编程实现。

```c
#include <stdio.h>
#include<math.h>
void main()
{
    int m,i,k,n=0;
    printf("\n100 ~ 200 之间的素数有：\n");
    for(m=101;m<=200;m=m+2)
    {
        k=sqrt(m);
        for(i=2;i<=k;i++)
            if(m%i==0)
                break;
        if(i>=k+1)
        {
            printf("%d\t",m);
            n=n+1;
        }
        if(n%10==0)
            printf("\n");
    }
    printf("\n");
}
```

第四步：测试并验证程序运行结果。

## 5.5 辅助控制语句

不通过循环头部或尾部条件测试而跳出循环，有时是很方便的。break 语句可用于从 for、while 与 do-while 等循环中提前退出，就如同从 switch 语句中提前退出一样。break 语句能使程序从 switch 语句或循环中退出。

### 5.5.1 break 语句

**1. 语　法**

语法如下：

```
break ;
```

**2. 使用说明**

（1）break 只能终止并跳出 switch 语句或从最内层循环中立即退出，执行 switch 语句或循环的后继语句。

（2）break 不能用于循环语句和 switch 语句之外的任何其他语句之中。

（3）通常 break 语句总是与 if 语句联在一起的。即满足条件时便跳出循环。

**案例 4**：编程实现：将键盘输入的大写字母转换成小写字母，当输入'#'时结束。

判断字符变量ch是不是大写字母的条件：ch>='A' && ch<='Z'。
将大写字母转换成小写字母的方法：ch=ch+32;

第一步：识别所要用到的循环变量、循环条件、循环体语句及使循环趋于结束的语句。

循环变量及初值：_____
循环条件：_____
循环体语句：_____
使循环趋于结束的语句：_____

第二步：用 C 语言编程实现。

```c
#include <stdio.h>
void main()
{
    char ch;
    while(ch=getchar())
    {
        if(ch=='#')
            break;
        if(ch>='A'&&ch<='Z')
            ch=ch+32;
        putchar(ch);
    }
}
```

第三步：测试并验证程序运行结果。

## 5.5.2 continue 语句

continue 语句的功能是：结束本次循环，跳过循环体中尚未执行的语句，进行下一次是否执行循环体的判断。continue 语句只用在 for、while、do-while 等循环体中，常与 if 条件语句一起使用，用来加速循环。

**1．语　法**

语法如下：

```
continue ;
```

**2．使用说明**

（1）continue 语句只能和循环一起使用。

（2）在 while 与 do-while 语句中，continue 语句的执行意味着立即执行循环条件的判断；在 for 语句中，则意味着使控制转移到递增循环变量部分。

**案例 5：编程实现：求输入的十个整数中正数的个数及其平均值。**

第一步：识别所要用到的循环变量、循环条件、循环体语句及使循环趋于结束的语句。

循环变量及初值：_____
循环条件：_____
循环体语句：_____
使循环趋于结束的语句：_____

第二步：用 C 语言编程实现。

```c
#include <stdio.h>
main()
{   int i,num=0,a;
    float sum=0;
    for(i=0;i<10;i++)
    {
        scanf("%d",&a);
        if(a<=0)
            continue;
        num++;
        sum+=a;
    }
    printf("%d plus integer's sum :%6.0f\n",num,sum);
    printf("Mean value:%6.2f\n",sum/num);
}
```

第三步：测试并验证程序运行结果。

**拓展练习**

问题1：从键盘输入一行字符，统计输入的大写字母的个数，当遇到 '#' 时结束。

问题2：从键盘输入一行字符，统计字符中各元音字母（即：A、E、I、O、U）的个数。
注意：字母不分大、小写。

问题3：从键盘输入一个整数，判断是否是素数。

问题4：找出100-200之间所有的素数。

**课后作业**

1. 在以下给出的表达式中，与while(E)中的（E）不等价的表达式是（       ）。

    A. (! E==0)

    B. (E>0 || E<0)

    C. (E==0)

    D. (E!=0)

2. 有以下程序

```
    void main()
    {
        int i;
        for(i=1；i<40；i++)
        {
            if(i++%5==0)
            if(++i%8==0)
                printf("%d",i);
        }
        printf("\n");
    }
```

执行后的输出结果是（       ）。

A. 5
B. 24
C. 32
D. 40

3. 若变量已正确定义，有以下程序段

    i=0;
    do
       printf("%d,",i);
    while(i++);
    printf("%d\n",i);

其输出结果是（　　）。

　　A. 0，0
　　B. 0，1
　　C. 1，1
　　D. 程序进入无限循环

4. 有以下程序

    main()
    {
      int  i;
      for(i=0；i<3；i++)
      swith(i)
      {
         case 0: printf("%d",i);
         case 2: printf("%d",i);
         default: printf("%d",i);
      }
    }

程序运行后的输出结果是（　　）。

　　A. 022111
　　B. 021021
　　C. 000122
　　D. 012

5. 以下不构成无限循环的语句或语句组是（　　）。

　　A. n=0;
            do {++n; } while (n<=0);
　　B. n=10;
            while (i)   {n++; }
　　C. n=10;
            while (n); {n--; }

D. for (n=0, i=1;   ; i++)
         n+=i;

6. 有以下程序段
   int n,t=1,s=0;
   scanf("%d",&n);
   do{   s=s+t;   t=t-2;  }while(t!=n);
为使程序段不陷入死循环，从键盘输入的数据应该是（    ）。
   A. 任意正奇数
   B. 任意负偶数
   C. 任意正偶数
   D. 任意负奇数

7. 有以下程序
   void main()
   {
       int k=5,n=0;
       while(k<0)
         {   switch(k)
             {
                 default :    break;
                 case 1 :     n+=k;
                 case 2 :
                 case 3 :     n+=k;
             }
           k--;
         }
       printf("%d\n",n);
   }
程序运行后的输出结果是（    ）。
   A. 0
   B. 4
   C. 6
   D. 7

8. 要求通过 while 循环不断读入字段，当读入字母 N 时结束循环。若变量已经正确定义，以下正确的程序是（    ）。
   A. while(ch=getchar() !='N')printf("%c", ch );
   B. while(ch=getchar() !='N')printf("%c", ch );
   C. while(ch=getchar() = ='N')printf("%c", ch );
   D. while(ch=getchar() = ='N')printf("%c", ch );

9. 有以下程序
```
#include<stdio.h>
void main()
{
    int i=5;
    do
    {
        if (i%3==1)
            if( i%5==2)
            {
                printf("*%d", i); break;
            }
        i++;
    }while ( i!=0) ;
    printf( "\n");
}
```
程序的运行结果是(　　)。

A. *7

B. *3*5

C. *5

D. *2*6

10. 以下程序的输出结果是_____。
```
#include <stdio.h>
void main()
{
    int  n=12345 , d ;
    while (n!= 0)
    {
        d=n%10 ;
        printf( "%d", d) ;
        n/=10
    }
}
```

# 第 6 章 数 组

**学习目标**

完成本学习任务后,应当能够:
- 掌握一维数组的定义及使用;
- 掌握二维数组的定义及使用;
- 掌握字符数组的定义及使用;
- 理解数组的特征及适用场合。

**学习内容**
- 用数组来处理求 Fibonacci 数列的问题;
- 计算转置矩阵;
- 编程实现将字符串中大写字母全部转换成小写字母,数字和小写字母不变。

在程序设计中,为了处理方便,把具有相同类型的若干变量按有序的形式组织起来。这些按序排列的同类数据元素的集合称为数组。在 C 语言中,数组属于构造数据类型。一个数组可以分解为多个数组元素,这些数组元素可以是基本数据类型,也可以是构造类型。因此按数组元素的类型不同,数组又可分为数值数组、字符数组、指针数组、结构数组等各种类别。本章介绍数值数组和字符数组,其余的在以后各章陆续介绍。

## 6.1 一维数组的定义和使用

在 C 语言中使用数组必须先进行定义。

### 6.1.1 数组的定义

**1. 语 法**

语法如下:

```
类型说明符  数组名 [常量表达式];
```

其中:
(1) 类型说明符是任一种基本数据类型或构造数据类型。
(2) 数组名是用户定义的数组标识符。
(3) 方括号中的常量表达式表示数据元素的个数,也称为数组的长度。

例如:
  int a[10];
说明整型数组 a,有 10 个元素。
  float b[10],c[20];
说明实型数组 b,有 10 个元素,实型数组 c,有 20 个元素。
  char ch[20];
说明字符数组 ch,有 20 个元素。

**2. 使用注意事项**

(1) 数组的类型实际上是指数组元素的取值类型。对于同一个数组,其所有元素的数据类型都是相同的。
(2) 数组名的书写规则应符合标识符的书写规定。
(3) 数组名不能与其他变量名相同。

例如:
```
main()
    {
      int a;
      float a[10];
      …
    }
```
是错误的。

(4) 方括号中常量表达式表示数组元素的个数,如 a[5]表示数组 a 有 5 个元素。但是其下标从 0 开始计算。因此 5 个元素分别为 a[0],a[1],a[2],a[3],a[4]
(5) 不能在方括号中用变量来表示元素的个数,但是可以是符号常数或常量表达式。

例如:
```
#define FD 5
    main()
    {
    int a[3+2],b[7+FD];
    …
    }
```
是合法的。

但是下述说明方式是错误的。

```
        main()
        {
          int n=5;
            int a[n];
            …
        }
```
（6）允许在同一个类型说明中，说明多个数组和多个变量。

例如：

    int a,b,c,d,k1[10],k2[20];

## 6.1.2 一维数组元素的引用

数组元素是组成数组的基本单元。数组元素也是一个变量，其标识方法为数组名后跟一个下标。下标表示了数组元素在数组中的顺序号。

**1. 语　法**

语法如下：

> 数组名[下标]

**2. 使用注意事项**

（1）其中下标只能为整型常量或整型表达式。如为小数时，C 编译将自动取整。

例如：

　　a[5]

　　a[i+j]

　　a[i++]

都是合法的数组元素。

（2）数组元素通常也称为下标变量。必须先定义数组，才能使用下标变量。在 C 语言中只能逐个地使用下标变量，而不能一次引用整个数组。

例如，输出有 10 个元素的数组必须使用循环语句逐个输出各下标变量：

　　for(i=0；i<10；i++)

　　　　printf("%d",a[i]);

而不能用一个语句输出整个数组。

下面的写法是错误的：

printf("%d",a);

## 6.1.3 一维数组的初始化

给数组赋值的方法除了用赋值语句对数组元素逐个赋值外，还可采用初始化赋值和动态赋值的方法。

数组初始化赋值是指在数组定义时给数组元素赋予初值。数组初始化是在编译阶段进行的。这样将减少运行时间，提高效率。

**1. 语　法**

语法如下：

```
类型说明符 数组名[常量表达式]={值，值……值}；
```

其中在{ }中的各数据值即为各元素的初值，各值之间用逗号间隔。

例如：

int a[10]={ 0,1,2,3,4,5,6,7,8,9 }；

相当于 a[0]=0；a[1]=1...a[9]=9；

**2. 使用注意事项**

（1）可以只给部分元素赋初值。当{ }中值的个数少于元素个数时，只给前面部分元素赋值。

例如：

int a[10]={0,1,2,3,4}；

表示只给 a[0]~a[4]5 个元素赋值，而后 5 个元素自动赋 0 值。

（2）只能给元素逐个赋值，不能给数组整体赋值。

例如，给十个元素全部赋 1 值，只能写为：

int a[10]={1,1,1,1,1,1,1,1,1,1}；

而不能写为：

int a[10]=1；

（3）如给全部元素赋值，则在数组说明中，可以不给出数组元素的个数。

例如：

int a[5]={1,2,3,4,5}；

可写为：

int a[]={1,2,3,4,5}；

**案例 1**：用数组实现计算 Fibonacci 数列前 20 项。

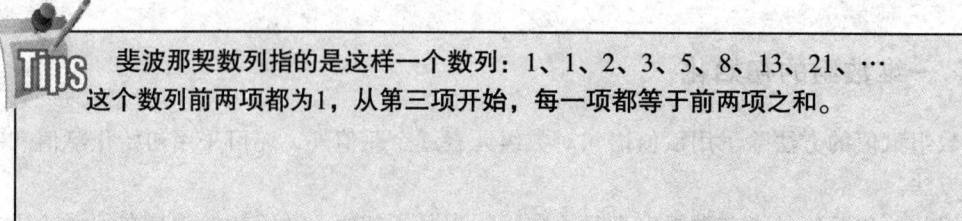
斐波那契数列指的是这样一个数列：1、1、2、3、5、8、13、21、…… 这个数列前两项都为 1，从第三项开始，每一项都等于前两项之和。

第一步：识别所要用到的数据类型。

第二步：运用第 1 章中所学知识，画出其流程图。

第三步:用 C 语言编程实现。

```c
#include <stdio.h>
void main()
{
    int a[20],k;
    a[0]=a[1]=1;
    for(k=2;k<20;k++)
        a[k]=a[k-1]+a[k-2];
    printf("\nFibonacci 数列前 20 项是: \n");
    for(k=0;k<20;)
    {
        printf("%d\t",a[k]);
        if(++k%10==0)
            printf("\n");
    }
}
```

第四步:测试并验证程序运行结果。

**案例 2:求一数组中的最大值和最小值。**

第一步:识别所要用到的变量。

第二步：运用第 1 章中所学知识，画出其流程图。

第三步：用 C 语言编程实现。

```c
#include <stdio.h>
void main()
{
    int num[5],max,min,i;
    printf("请输入 5 个数:\n");
        for(i=0;i<5;i++)
            scanf("%d",&num[i]);
    max=num[0];
    min=num[0];
     for(i=1;i<5;i++)
     {
            if (max<num[i])
            max=num[i];
                if (min>num[i])
                min=num[i];
     }
     printf("\n 最大值为：%d",max);
     printf("\n 最小值为：%d\n",min);
}
```

第四步：测试并验证程序运行结果。

案例 3：输入 10 个数，保存在一个数组中，在数组中查找某个数，给出是否找到的信息。如果找到了，要求输出该数在数组中所处的位置；如果找不到，输出"没有找到!"。

第一步：识别所要用到的变量。

第二步：运用第 1 章中所学知识，画出其流程图。

第三步：用 C 语言编程实现，请补充程序。

```
#include <stdio.h>
#define N 10
void main()
{
    int num[N],mumber,i;
    printf("请输入 10 个数:\n");
        for(i=0;i<_____;i++)
            scanf("%d",_____);
    printf("\n 请输入要查找的数：");
    scanf("%d",&number);
     for(i=0;i<N;i++)
    {
        if(number==num[i])
            break;
    }
     if(_____)
        printf("\n 在数组的第 %d 个位置找到了数字 %d !\n",i+1,search);
    else
        printf("\n 没有找到!\n");
}
```

第四步：测试并验证程序运行结果。

## 6.2 二维数组的定义和使用

### 6.2.1 二维数组的定义

语法如下：

类型说明符 数组名[常量表达式 1][常量表达式 2];

其中常量表达式 1 表示第一维下标的长度，常量表达式 2 表示第二维下标的长度。
例如：
    int a[2][3];
说明了一个两行三列的数组，数组名为 a，其下标变量的类型为整型。该数组的下标变量共有 2×3 个，即：
    a[0][0],a[0][1],a[0][2]
    a[1][0],a[1][1],a[1][2]
  二维数组在概念上是二维的，也就是说其下标在两个方向上变化，下标变量在数组中的位置也处于一个平面之中，而不是像一维数组只是一个向量。但是，实际的硬件存储器却是连续编址的，也就是说存储器单元是按一维线性排列的。如何在一维存储器中存放二维数组，可有两种方式：一种是按行排列，即放完一行之后顺次放入第二行。另一种是按列排列，即放完一列之后再顺次放入第二列。在 C 语言中，二维数组是按行排列的。
  按行排列：先存放 a[0]行，再存放 a[1]行，最后存放 a[2]行。每行中有四个元素也是依次存放。由于数组 a 说明为 int 类型，该类型占两个字节的内存空间，因此每个元素均占有两个字节)。

## 6.2.2 二维数组元素的引用

语法如下:

> 数组名[下标][下标]

其中下标应为整型常量或整型表达式。

例如:

    a[3][4]

表示 a 数组 3 行 4 列的元素。

下标变量和数组说明在形式中有些相似,但这两者具有完全不同的含义。数组说明的方括号中给出的是某一维的长度;而数组元素中的下标是该元素在数组中的位置标识。前者只能是常量,后者可以是常量,变量或表达式。

## 6.2.3 二维数组的初始化

### 1. 初始化方法

二维数组初始化可以在声明的同时赋初值,也可以先声明,再赋值。二维数组可按行分段赋值,也可按行连续赋值。

(1)按行分段赋值可写为:

    int a[5][3]={ {80,75,92},{61,65,71},{59,63,70},{85,87,90},
                 {76,77,85} };

(2)按行连续赋值可写为:

    int a[5][3]={ 80,75,92,61,65,71,59,63,70,85,87,90,76,77,85};

以上两种赋初值的结果是完全相同的。

### 2. 使用注意事项

(1)当定义二维数组同时进行初始化时,可以省略行下标,但不能省列下标。

如: int a[5][3]={ 80,75,92,61,65,71,59,63,70,85,87,90,76,77,85};

等价于:

    int a[][3]={ 80,75,92,61,65,71,59,63,70,85,87,90,76,77,85};

(2)如果先声明再赋值,通常会用双重循环来实现。

**案例4**:请编写函数 fun,函数的功能是:将 M 行 N 列的二维数组中的数据,按列的顺序依次放到一维数组中。

要实现将二维数组按列顺序放到一维数组中,主要解决:
(1)计算存放到一维数组中的位置。
(2)取出二维数组中的数据存放到一维数组(已计算出的位置)中。

第一步：识别所要用到的变量。

第二步：运用第 1 章中所学知识，画出其流程图。

第三步：用 C 语言编程实现,请补充程序。

```c
#include <stdio.h>
void fun(int s[][10], int b[], int *n, int mm, int nn)
{



}
main()
{
int w[10][10]={{33,33,33,33},{44,44,44,44},{55,55,55,55}},i,j;
int a[100]={0}, n=0;
printf("The matrix:\n");
for(i=0; i<3; i++)
{
    for(j=0;j<4; j++)printf("%3d",w[i][j]);
    printf("\n");
}
fun(w,a,&n,3,4);
printf("The A array:\n");
for(i=0;i<n;i++)printf("%3d",a[i]);printf("\n\n");
}
```

第四步：测试并验证程序运行结果。

# 第 6 章 数 组

**案例 5**：函数 fun 的功能是：从 N 个字符串中找出最长的那个串,并将其地址作为函数值返回。各字符串在主函数中输入,并放入一个字符串数组中。

实现上述问题的关键是：
（1）如何计算字符串的长度。
（2）fun函数的参数：char (*sq)[M]的含义。

第一步：识别所要用到的变量。

第二步：运用第 1 章中所学知识，画出其流程图。

第三步：用 C 语言编程实现，请补充程序。

```c
#include <stdio.h>
#include <string.h>
#define N 5
#define M 81
fun(char (*sq)[M])
{



}
main()
{
    char str[N][M], *longest; int i;
    printf("Enter %d lines :\n",N);
    for(i=0; i<N; i++)
        gets(str[i]);
    printf("\nThe N string :\n",N);
    for(i=0; i<N; i++)
        puts(str[i]);
    longest=fun(str);
    printf("\nThe longest string :\n");
    puts(longest);
}
```

第四步：测试并验证程序运行结果。

**拓展练习**

问题 1：删去一维数组中所有相同的数，使之只剩一个。数组中的数已按由小到大的顺序排列，函数返回删除后数组中数据的个数。

例如，一维数组中的数据是：2 2 3 4 4 5 6 6 6 7 7 8 9 9 10 10 10。

删除后，数组中的内容应该是：2 3 4 5 6 7 8 9 10。

问题 2：编写程序实现：判定一个 N×N（规定 N 为奇数）的矩阵是否是"幻方"。"幻方"的判定条件是：矩阵每行、每列、主对角线及反对角线上元素之和都相等。

例如，以下 3×3 的矩阵就是一个"幻方"：

4 9 2

3 5 7

8 1 6

问题 3：请编写一个程序实现：删除字符串中的所有空格。

例如，主函数中输入"asd af aa z67"，则输出为 "asdafaaz67"。

问题 4：将字符串中每个单词的最后一个字母改成大写。(这里的"单词"是指由空格隔开的字符串)。

例如，若输入"I am a student to take the examination."，
则应输出 "I aM A studenT tO takE thE examination."。

问题 5：在 p 所指字符串中找出 ASCII 码值最大的字符，将其放在第一个位置上；并将该字符前的原字符向后顺序移动。

例如，调用 fun 函数之前给字符串输入：ABCDeFGH，
调用后字符串中的内容为：eABCDFGH。

问题 6：如果一个数组中保存的元素是有序的（由大到小），向这个数组中插入一个数，使得插入后的数组元素依然保持有序。

**课后作业**

1. 编写程序实现统计各年龄段的人数。各年龄通过调用随机函数获得，并放在主函数的 age 数组中；要求把 0 至 9 岁年龄段的人数放在 d[0]中，把 10 至 19 岁年龄段的人数放在 d[1]中，把 20 至 29 岁年龄段的人数放在 d[2]中，其余依此类推，把 100 岁(含 100)以上年龄的人数都放在 d[10]中。结果在主函数中输出。

2. 请编写程序实现：统计字符串中单词的个数，一行字符串在主函数中输入，规定所有单词由小写字母组成,单词之间由若干个空格隔开，一行的开始没有空格。

3. 编程实现：定义了一个 N×N 的二维数组，并在主函数中赋值，求出数组周边元素的平均值。

4. 若有定义语句：int m[]={5,4,3,2,1},i=4；,则下面对 m 数组元素的引用中错误的是（　　）。

  A. m[--i]

  B. m[2*2]

  C. m[m[0]]

  D. m[m[i]]

5. 若要求定义具有 10 个 int 型元素 a，则以下定义语句中错误的是（　　）。
   A. #define N 10
      int　a[N];
   B. #define n 5
      int a[2*n];
   C. int a[5+5];
   D. int n=10,a[n];

# 第 7 章 函 数

**学习目标**

完成本学习任务后，应当能够：
- 能够使用系统函数提高编码效率；
- 能够自定义函数提高代码重用性；
- 能够在主调函数中，对被调函数进行声明；
- 能够根据全局变量与局部变量的特性分析各自的适用情况；
- 能够运用递归算法。

**学习内容**

- 使用系统函数，便捷地将字符串改写为全大写；
- 使用自定义函数，高效地计算阶乘；
- 使用用例测试，分析多种情况下函数调用先后顺序对程序执行的影响，并使用函数声明解决问题；
- 使用全局变量统计自定义函数被调用的次数；
- 使用递归算法计算并输出 Fibenacci 数列前 20 项。

## 7.1 使用系统函数

### 7.1.1 任务一

本任务将字符串"Hello World!"改写为全小写。

**1. 分 析**

（1）定义一个字符数组 str，并赋值"Hello World!"。

（2）使用 for 循环对字符数组中的每一个字符遍历，并进行判断：若为大写字母，则转换为小写字母。

常见ASCII码如下：
'0'的ASCII码为48；　　'9'的ASCII码为57；
'A'的ASCII码为65；　　'Z'的ASCII码为90；
'a'的ASCII码为97；　　'z'的ASCII码为122；

（1）要判断字符c为大写字母，那么c的ASCII码在65~90之间。
（2）char能与int相互转换，例如'A'+1即为'B'。
（3）那么：'B'+32即为字母'b'。

（3）输出转换后的字符数组 str。

2. 编　码

```c
#include <stdio.h>

void main(){
    char str[]="Hello World!";
    for(int i=0;i<12;i++){
        if(str[i]>=65 && str[i]<=90){
            str[i]=str[i]+32;
        }
    }
    printf("%s\n",str);
}
```

3. 弊端分析

（1）条件判断的可读性不高，逻辑较为紊乱；
（2）倘若不知道大小写字母的 ASCII 码，这个问题将一筹莫展。
思考：有没有简便的方法呢？

## 7.1.2 任务二

本任务使用字符串处理函数完成任务一。

### 1. 分　析

（1）C语言提供了丰富的字符串处理函数，需要时直接调用函数即可完成想要的功能。

（2）字符串转换全小写字母函数：int　tolower ( int　c )。

（3）使用字符串函数应该包含头文件"ctype.h"。

### 2. 编　码

```c
#include <stdio.h>
#include <ctype.h>
#include <string.h>

void main(){
    char str[]="Hello World!";
    for(int i=0;i<strlen(str);i++){
        str[i]=tolower(str[i]);
    }
    printf("%s\n",str);
}
```

### 3. 优势分析

（1）使用了 int strlen(int c) 函数计算字符数组长度，能避免数组长度书写错误。

（2）提高编码准确性，减轻了编码负担。

## 7.1.3　常见其他的系统函数列举

### 1. 字符串函数

（1）是否为空格 int isspace(char c)。使用前应#include <ctype.h>。

（2）是否为字母 int isalpha(char c)。使用前应#include <ctype.h>。

（3）是否为大写字母 int isupper(char c)。使用前应#include <ctype.h>。

（4）是否为小写字母 int islower(char c)。使用前应#include <ctype.h>。

（5）是否为数字 int isdigit(char c)。使用前应#include <ctype.h>。

（6）转换为全大写字母 int toupper(char c)。使用前应#include <ctype.h>。

（7）转换为全小写字母 int lower(char c)。使用前应#include <ctype.h>。

（8）字符串连接 strcat(char *str1,char *str2)。使用前#include <string.h>。

（9）求字符串长度 strlen(char *str)。使用前应#include <string.h>。

**思考**：任意输入一个字符串，要求：分别统计其中大写字母、小写字母、数字和其他字符的个数，并输出个数。

### 2. 常见数学函数

（1）绝对值 int abs(int i)。使用前应#include <math.h>。

（2）指数(x 的 y 次方)double pow(double x,double y)。使用前应 #include <math.h>。

### 3. 其他函数

（1）获得系统时间 void gettime（struct time *time）。使用前应 #include <dos.h>。

（2）随机数 void rand（void）。使用前应#include <stdlib.h>。

使用函数可以减轻编码负担，要学会查阅C常用函数库说明文档；
切记：使用某个函数，必须在文件首部包含函数所在的文件哦！

**思考**：随机生成一个 1～100 内的数（包含 1 和 100），并完成猜大小，若猜的数字较小，提示"太小"，若猜的数字较大，提示"太大"，直到猜对提示猜的次数。

提示：rand()%100 +1

思考：三种循环 for，while，do-while，选用哪个更合适？为什么？

## 7.2 自定义函数

若在系统函数库中找不到所想要的功能函数怎么办？
答案只有一个：自己完成功能编码，即自定义函数。

### 7.2.1 任务三

本任务求 5 的阶乘。

**1. 分　析**

（1）用整型变量 fac 来保存阶乘的值，fac 的初值应该为 1。
思考：fac 的初值能为 0 吗？为什么？

（2）使用 for 循环最便捷，分别计算 fac 与 1，2，…，5 的乘积。
（3）输出 fac。

## 2. 编码

```c
#include <stdio.h>
void main(){
    int fac=1;
    for(int i=1;i<5;i++){
        fac*=i;
    }
    printf("%d\n",fac);
}
```

### 7.2.2 任务四

本任务再计算 7 的阶乘。

#### 1. 分析

只需要将上面代码做简单修改。

#### 2. 编码

请补全代码：

```c
#include <stdio.h>
void main(){
    int fac1=1;//5 的阶乘
    int fac2=1;//7 的阶乘

    for(int i=1;i<5;i++){
        fac1*=i;
    }




    printf("%d\n",fac1);
    printf("%d\n",fac2);
}
```

### 3. 弊端分析

计算 7! 和 5! 两个代码极其相似，代码中出现大量的重复。

倘若还要计算 8!、9!、10!，代码只会更加冗长。
那么，有没有一个办法能提高代码重用性？

## 7.2.3 任务五

本任务编写一个自定义函数 int factorial(int n)，计算 n 的阶乘。调用函数完成计算 5!、7!、10! 并输出。

### 1. 完整编码

```
#include <stdio.h>

void factorial(int n){              //这里的 n 为形式参数
    int fac=1;
    for(int i=1;i<n;i++){
        fac*=i;
    }
    return fac;                     //return 返回一个值给调用层
}

int main(){
    printf("5!=%d\n",factorial(5));      //这里的 5 为实际参数
    printf("7!=%d\n",factorial(7));
    printf("10!=%d\n",factorial(10));
}
```

请记录输出结果：

## 2. 分析函数调用

程序流程如图 7.1 所示。

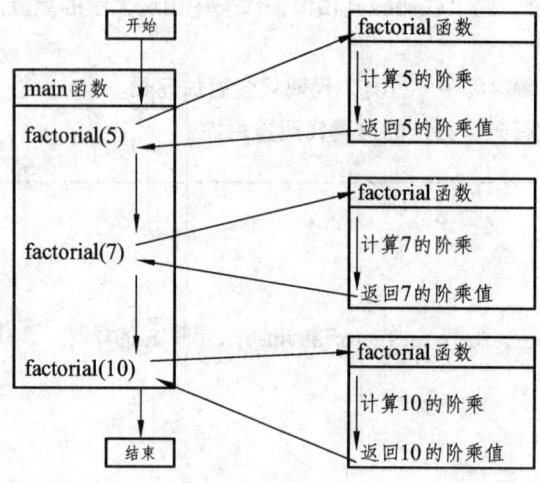

图 7.1 程序流程

由图 7.1 可知：

（1）上面代码中有两个函数：main 函数和 factorial 函数。
（2）main 函数是程序唯一的入口和出口。
（3）在 main 函数中发生了三次对 factorial 函数的调用。
（4）factorial 函数只有当调用时才执行，执行返回到它的调用层 main 函数。
（5）在 main 函数中每次调用 factorial 函数所给的参数不同，分别为 5、7、10。

## 3. 分析函数每次调用的参数

函数每次调用的参数如图 7.2 所示。

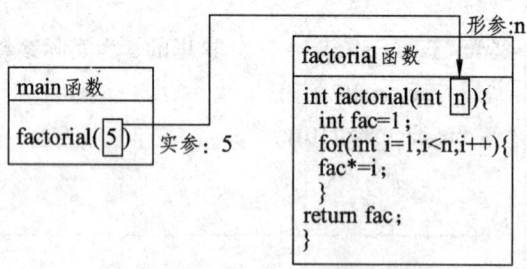

图 7.2 函数每次调用的参数

（1）实参：在 main 函数中，每次调用 factorial 函数所使用的具体的值：5、7、10，这就是实际参数。
（2）形参：在 factorial 函数头部，参数 n 没有具体的值，需要根据调用时实参传递的值，才能确定自身的值，这就是形式参数。
（3）形参与实参可以有多个，但参数个数和参数类型必须一一对应。

## 4. 分析 return 语句

return 语句如图 7.3 所示。

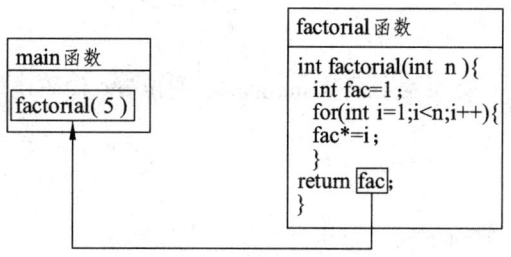

**图 7.3** return 语句

（1）函数调用之后，返回的结果，就是函数的返回值，使用 return 语句返回调用层。

（2）函数可以不返回一个值，即可以没有 return 语句，但函数定义时，函数类型不能不写，此时函数类型为 void，表示无返回值。

（3）一个函数的返回值最多只能有一个。

**思考**：利用 factorial 函数，计算 1! +2! +…+10!

## 7.3 函数声明

### 7.3.1 任务六

本任务测试上面代码，交换两个函数 main、fac 的位置，代码还能正常运行吗？为什么？

### 7.3.2 测试

请完成测试，并填写下列表格（见表 7.1）：

表 7.1 测 试

| 序号 | 测试内容 | 能否运行 | Error 内容 |
| --- | --- | --- | --- |
| 1 | main 函数在前，factorial 函数在后 | | |
| 2 | factorial 函数在前，main 函数在后 | 能 | 无 |
| 3 | factorial 函数定义在 main 函数内 | | |
| 4 | main 函数定义在 factorial 函数内 | | 非法 |

### 7.3.3 分析测试结果

通过表 7.1 测试结果，当自定义函数 fac 的位置在 main 函数后面的时候，将会报错：

```
--------------------Configuration: Test - Win32 Debug--------------------
Compiling...
Main.cpp
C:\Program Files\Microsoft Visual Studio\MyProjects\Test\Main.cpp(4) : error C2065: 'factorial' : undeclared identifier
C:\Program Files\Microsoft Visual Studio\MyProjects\Test\Main.cpp(9) : error C2373: 'factorial' : redefinition; different type modifiers
执行 cl.exe 时出错。

Test.exe - 1 error(s), 0 warning(s)
```

**1. 分析报错信息**

（1）'factorial' : undeclared identifier：缺少函数 factorial 的声明。

（2）'factorial' : redefinition; different type modifiers：函数 factorial 未定义。

**2. 解 决**

（1）既然错误告知：因为函数 factorial 没有声明，所以找不到定义。那么只需要在调用

factorial 函数之前，给出其声明即可解决问题。

（2）编码：

```c
#include <stdio.h>

void main(){
    int factorial(int n);
    printf("5!=%d\n",factorial(5));
    printf("7!=%d\n",factorial(7));
    printf("10!=%d\n",factorial(10));
}

int factorial(int n){
    int fac=1;
    for(int i=1;i<n;i++){
        fac*=i;
    }
    return fac;
}
```

### 7.3.4 定　理

定理：被调函数，要么在主调函数之前定义，那么在主调函数中先声明。

> **Tips**
> 函数声明的目的是，在程序编译阶段，告诉编译系统这里调用的函数是哪一个，并且根据调用的情况与被调函数的返回值类型、参数个数、参数类型等做检查匹配。
> 函数声明的格式：
> 函数类型 函数名（形参类型1 形参1，形参类型2 形参2...）

## 7.4 局部变量和全局变量

### 7.4.1 任务七

本任务统计函数被调用的次数。

### 1. 分析

(1) 定义变量 count,初值为 0。
(2) 每调用一次 factorial 函数,count++。
(3) 输出 count。

**思考**:这些代码能不能放进 main 函数?

### 2. 编码

```
#include <stdio.h>

int factorial(int n){
    int count=0;
    int fac=1;
    for(int i=1;i<n;i++){
        fac*=i;
    }
    count++;
    printf("本函数被调用了%d 次。\n",count);
    return fac;
}

void main(){
    printf("5!=%d\n",factorial(5));
    printf("7!=%d\n",factorial(7));
    printf("10!=%d\n",factorial(10));
}
```

编写并调试以上代码,记录下输出结果:

**思考**:以上代码并不能实现预期的结果,每次输出次数都是 1,为什么?

### 3. 原因分析

(1) 变量的作用域:变量也有有效范围,在 factorial 函数中定义的变量,作用域就是 factorial 函数内,这样的变量称为局部变量。

(2) 变量的生命周期:被调函数中的局部变量,每一次被调用时,才分配内存空间,当本次调用结束返回主调层时，变量失效，空间释放。即被调函数局部变量的生命周期仅在本次调用期间。

> **Tips** 根据以上两点分析可知。factorial函数中的count变量，每一次调用都是一个新的变量，每次调用结束就被销毁。因此不能用于统计当前函数被调用的次数。
> 若要统计函数被调用次数，只能使用全局变量，全局变量的生命周期为应用程序开始到最后结束。

## 7.4.2 任务八

本任务使用全局变量统计函数被调用的次数。

### 1. 分　析

（1）全局变量，即定义在函数外部的变量。
（2）将上面代码的 count 变量，定义在 factorial 函数外。

### 2. 编　码

```c
#include <stdio.h>
int count=0;

int factorial(int n){
    int fac=1;
    for(int i=1;i<n;i++){
        fac*=i;
    }
    count++;
    printf("本函数被调用了%d 次。\n",count);
    return fac;
}

int main(){
    printf("5!=%d\n",factorial(5));
    printf("7!=%d\n",factorial(7));
    printf("10!=%d\n",factorial(10));
}
```

3. 记录运行结果

## 7.5 递归调用

### 7.5.1 任务九

本任务计算 Fibonacci 数列前 20 项的和。

**1. 分 析**

（1）Fibonacci 数列第一项和第二项都为 1，之后每一项均为前两个项的和。例如，第三项就为第一第二项的和：3；第四项就为第二项与第三项的和：3,…因此推算该数列分别为：

$$1,1,2,3,5,8,13,...$$

（2）可以简化为如下公式：

$$fib(n)=\begin{cases} 1 & n=1或n=2 \\ fib(n-1)+fib(n-2) & n>2 \end{cases}$$

**2. 编 码**

```c
#include <stdio.h>

int fib(int n){
    if(n==1||n==2){
        return 1;
    }else{
        return fib(n-1)+fib(n-2);
    }
}

void main(){
    printf("%d\n",fib(20));
}
```

记录运行结果：

**3. 以上代码非常易读、高效，其中使用了递归算法**

（1）函数递归：函数调用过程中，直接或间接地调用自己，就称为递归。

（2）递归函数中，要避免出现无止境的自身调用，就必须通过条件判断语句终止递归，逐层返回。

**思考**：使用递归计算，计算 10!。

**拓展练习**

问题 1：使用系统函数，读取用户输入身份证号，并根据身份证号中间八位计算出用户年龄并输出。

问题 2：定义函数，比较两个数，返回最大的数，并在主函数中测试输出三个随机数中最大值。

问题 3：定义函数：能够倒置存放数组中的元素。

例如，数组 a 原来的元素为：1,2,3,4,5。倒置后为 5,4,3,2,1。

问题 4：定义函数，输出 n 以内所有素数。

问题 5：使用递归定义函数，计算 $1^2+2^2+...+n^2$。

**课后作业**

1. 使用系统函数,将一段字符串中所有大写字母转换为小写字母,小写字母转换为大写字母。

2. 编写一个程序,验证哥德巴赫猜想:任何一个不小于 6 的偶数可以表示为两个素数之和。

3. 输入一个秒,转换为"时:分:秒"的形式。

4. 一个球从 200 米高空落下,每次反弹的高度是之前高度的一半,请问,在他第 10 次反弹的高度是多少?

# 第8章 指 针

**学习目标**

完成本学习任务后，应当能够：
- 理解变量和变量的地址、指针与指针变量的概念；
- 掌握指针变量的定义及使用；
- 掌握用指针作为函数参数的使用；
- 掌握指针数组、指向指针的指针的定义及使用。

**学习内容**
- 变量地址和指针变量；
- 数组与指针；
- 字符串与指针；
- 指向函数的指针；
- 用指针变量作为函数的形参；
- 定义返回值是地址的函数。

指针是 C 语言中广泛使用的一种数据类型。运用指针编程是 C 语言最主要的风格之一。利用指针变量可以表示各种数据结构；能很方便地使用数组和字符串；并能像汇编语言一样处理内存地址，从而编出精练而高效的程序。指针极大地丰富了 C 语言的功能。学习指针是学习 C 语言中最重要的一环，能否正确理解和使用指针是学习者是否掌握 C 语言的一个标志。同时，指针也是 C 语言中最为困难的一部分，在学习中除了要正确理解基本概念，还必须要多编程，上机调试。只要做到这些，指针也是不难掌握的。

## 8.1 指针的定义和使用

在 C 语言中使用指针前必须先对其进行定义。

### 8.1.1 指针的基本概念

在计算机中，所有的数据都是存放在存储器中的。一般把存储器中的一个字节称为一个内存单元，不同的数据类型所占用的内存单元数不等，如整型变量占 2 个单元，字符变量占

1个单元等,在第 2 章中已有详细介绍。为了正确地访问这些内存单元,必须为每个内存单元编上号。根据一个内存单元的编号即可准确地找到该内存单元。内存单元的编号也叫做地址。既然根据内存单元的编号或地址就可以找到所需的内存单元,因此通常也把这个地址称为指针。内存单元的指针和内存单元的内容是两个不同的概念。可以用一个通俗的例子来说明它们之间的关系。大家到银行去存取款时,银行工作人员将根据大家的账号去找大家的存款单,找到之后在存单上写入存款、取款的金额。在这里,账号就是存单的指针,存款数是存单的内容。对于一个内存单元来说,单元的地址即为指针,其中存放的数据才是该单元的内容。在 C 语言中,允许用一个变量来存放指针,这种变量称为指针变量。因此,一个指针变量的值就是某个内存单元的地址或称为某内存单元的指针。设有字符变量 C,其内容为"K"(ASCII 码为十进制数 75),C 占用了 011A 号单元(地址用十六进数表示)。设有指针变量 P,内容为 011A,这种情况就称为 P 指向变量 C,或说 P 是指向变量 C 的指针。严格地说,一个指针是一个地址,是一个常量。而一个指针变量却可以被赋予不同的指针值,是变的。但通常把指针变量简称为指针。为了避免混淆,约定:"指针"是指地址,是常量,"指针变量"是指取值为地址的变量。定义指针的目的是为了通过指针去访问内存单元。

既然指针变量的值是一个地址,那么这个地址不仅可以是变量的地址,也可以是其他数据结构的地址。在一个指针变量中存放一个数组或一个函数的首地址有何意义呢?因为数组或函数都是连续存放的。通过访问指针变量取得了数组或函数的首地址,也就找到了该数组或函数。这样一来,凡是出现数组、函数的地方都可以用一个指针变量来表示,只要该指针变量中赋予的是数组或函数首地址即可。这样做,将会使程序的概念十分清楚,程序本身也精练,高效。在 C 语言中,一种数据类型或数据结构往往都占有一组连续的内存单元。用"地址"这个概念并不能很好地描述一种数据类型或数据结构,而"指针"虽然实际上也是一个地址,但它却是一个数据结构的首地址,它是"指向"一个数据结构的,因而概念更为清楚,表示更为明确。这也是引入"指针"概念的一个重要原因。

## 8.1.2 指针变量的类型说明

**1. 语　法**

语法如下:

```
类型说明符    *变量名;
```

其中:

(1)类型说明符是任一种基本数据类型或构造数据类型。
(2)变量名是用户定义的指针变量名。
(3)*表示这是一个指针变量。

例如:

int *p1;表示 p1 是一个指针变量,它的值是某个整型变量的地址。或者说 p1 指向一个整型变量。至于 p1 究竟指向哪一个整型变量，应由向 p1 赋予的地址来决定。

再如：

static int *p2; /*p2 是指向静态整型变量的指针变量*/

float *p3; /*p3 是指向浮点变量的指针变量*/

char *p4; /*p4 是指向字符变量的指针变量*/

**2．使用注意事项**

应该注意的是，一个指针变量只能指向同类型的变量，如 P3 只能指向浮点变量，不能时而指向一个浮点变量，时而又指向一个字符变量。

### 8.1.3 指针变量的赋值

指针变量同普通变量一样，使用之前不仅要定义说明，而且必须赋予具体的值。未经赋值的指针变量不能使用，否则将造成系统混乱，甚至死机。指针变量的赋值只能赋予地址，决不能赋予任何其他数据，否则将引起错误。在 C 语言中，变量的地址是由编译系统分配的，对用户完全透明，用户不知道变量的具体地址。C 语言中提供了地址运算符&来表示变量的地址。其一般形式为：&变量名；如&a 表示变量 a 的地址，&b 表示变量 b 的地址。变量本身必须预先说明。设有指向整型变量的指针变量 p，如要把整型变量 a 的地址赋予 p 可以有以下两种方式：

（1）指针变量初始化的方法。

int a;

int *p=&a;

（2）赋值语句的方法。

int a;

int *p;

p=&a;

不允许把一个数赋予指针变量，故下面的赋值是错误的：

int *p;

p=10;

被赋值的指针变量前不能再加"*"说明符，如写为*p=&a 也是错误的。

### 8.1.4 指针变量的运算

指针变量可以进行某些运算，但其运算的种类是有限的。它只能进行赋值运算和部分算术运算及关系运算。

**1．指针运算符**

（1）取地址运算符&。

取地址运算符&是单目运算符，其结合性为自右至左，其功能是取变量的地址。在 scanf 函数及前面介绍指针变量赋值中，已经了解并使用了&运算符。

（2）取内容运算符*。

取内容运算符*是单目运算符，其结合性为自右至左，用来表示指针变量所指的变量。在*运算符之后跟的变量必须是指针变量。需要注意的是指针运算符*和指针变量说明中的指针说明符* 不是一回事。在指针变量说明中，"*"是类型说明符，表示其后的变量是指针类型。而表达式中出现的"*"则是一个运算符，用以表示指针变量所指的变量。

```
main()
{
    int a=5,*p=&a;
    printf ("%d",*p);
}
```

表示指针变量 p 取得了整型变量 a 的地址。本语句表示输出变量 a 的值。

### 2. 指针变量的运算

（1）赋值运算。

指针变量的赋值运算有以下几种形式：

① 指针变量初始化赋值。例如：

  int b=10;
  int *p=&b;

② 把一个变量的地址赋予指向相同数据类型的指针变量。例如：

  int a,*p;
  p=&a；/*把整型变量 a 的地址赋予整型指针变量 a*/

③ 把一个指针变量的值赋予指向相同类型变量的另一个指针变量。如：

  int a,*pa=&a,*pb;
  pb=pa；/*把 a 的地址赋予指针变量 pb*/

由于 pa,pb 均为指向整型变量的指针变量，因此可以相互赋值。

④ 把数组的首地址赋予指向数组的指针变量。

  例如： int a[5],*pa;
  pa=a；/*数组名表示数组的首地址，故可赋予指向数组的指针变量 pa*/

也可写为：

  pa=&a[0]；/*数组第一个元素的地址也是整个数组的首地址，也可赋予 pa*/

当然也可采取初始化赋值的方法：

  int a[5],*pa=a;

⑤ 把字符串的首地址赋予指向字符类型的指针变量。例如：

  char *pc;
  pc="c language";

或用初始化赋值的方法写为：

  char *pc="C Language";

这里应说明的是并不是把整个字符串装入指针变量，而是把存放该字符串的字符数组的首地址装入指针变量。在后面还将详细介绍。

⑥ 把函数的入口地址赋予指向函数的指针变量。例如：

int (*pf)( );

pf=f; /*f 为函数名*/

（2）加减算术运算。

对于指向数组的指针变量，可以加上或减去一个整数 n。设 pa 是指向数组 a 的指针变量，则 pa+n,pa-n,pa++,++pa,pa--,--pa 运算都是合法的。指针变量加或减一个整数 n 的意义是把指针指向的当前位置(指向某数组元素)向前或向后移动 n 个位置。应该注意，数组指针变量向前或向后移动一个位置和地址加 1 或减 1 在概念上是不同的。因为数组可以有不同的类型，各种类型的数组元素所占的字节长度是不同的。如指针变量加 1，即向后移动 1 个位置表示指针变量指向下一个数据元素的首地址。而不是在原地址基础上加 1。

例如：

int a[5],*pa;

pa=a; /*pa 指向数组 a，也是指向 a[0]*/

pa=pa+2; /*pa 指向 a[2]，即 pa 的值为&pa[2]*/

指针变量的加减算术运算只能对数组指针变量进行，对指向其他类型变量的指针变量作加减运算是毫无意义的。

（3）两个指针变量之间的运算只有指向同一数组的两个指针变量之间才能进行运算，否则运算毫无意义。

① 两指针变量相减。

两指针变量相减所得之差是两个指针所指数组元素之间相差的元素个数。实际上是两个指针值(地址)相减之差再除以该数组元素的长度(字节数)。例如 pf1 和 pf2 是指向同一浮点数组的两个指针变量，设 pf1 的值为 2010H，pf2 的值为 2000H，而浮点数组每个元素占 4 个字节，因此 pf1-pf2 的结果为(2000H-2010H)/4=4，表示 pf1 和 pf2 之间相差 4 个元素。两个指针变量不能进行加法运算。例如，pf1+pf2 是什么意思呢?毫无实际意义。

② 两指针变量进行关系运算。

指向同一数组的两指针变量进行关系运算可表示它们所指数组元素之间的关系。例如：

pf1==pf2 表示 pf1 和 pf2 指向同一数组元素。

pf1>pf2 表示 pf1 处于高地址位置。

pf1<pf2 表示 pf2 处于高地址位置。

main()
{
    int a=10,b=20,s,t,*pa,*pb;
    pa=&a;
    pb=&b;
    s=*pa+*pb;

```
    t=*pa**pb;
    printf("a=%d\nb=%d\na+b=%d\na*b=%d\n",a,b,a+b,a*b);
    printf("s=%d\nt=%d\n",s,t);
}
```
请写出每行的作用和程序输出结果。

指针变量还可以与 0 比较。设 p 为指针变量，则 p==0 表明 p 是空指针，它不指向任何变量；p!=0 表示 p 不是空指针。空指针是由对指针变量赋予 0 值而得到的。例如：#define NULL 0 int *p=NULL；对指针变量赋 0 值和不赋值是不同的。指针变量未赋值时，可以是任意值，是不能使用的。否则将造成意外错误。而指针变量赋 0 值后，则可以使用，只是它不指向具体的变量而已。

```
main()
{
    int a,b,c,*pmax,*pmin;
    printf("input three numbers:\n");
    scanf("%d%d%d",&a,&b,&c);
    if(a>b)
    {
        pmax=&a;
        pmin=&b;
    }
```

        else
        {
            pmax=&b;
            pmin=&a;
        }
        if(c>*pmax) pmax=&c;
        if(c<*pmin) pmin=&c;
        printf("max=%d\nmin=%d\n",*pmax,*pmin);
}
请写出每行的作用和程序输出结果。

案例1：输入 a,b 两个数，交换 a 和 b 的值，用函数来实现。

  **分析：该案例需要通过指针变量用作函数参数来实现。**

第一步：声明 swap 函数原型。
        void swap(int *p1,int *p2)
第二步：用 C 语言编码实现。

```
#include <stdio.h>
void swap(int    *p1,int    *p2)
{
    int temp;
    temp=*p1;
    *p1=*p2;
    *p2=temp;
}
void main()
{
    int a,b;
    int *pa,*pb;
    printf("\n 请输入分数：");
    scanf("%d,%d",&a,&b);
    pa=&a;
    pb=&b;
    swap(pa,pb);
    printf("\n%d,%d\n",a,b);
}
```

第三步：测试并验证程序运行结果。

## 8.2 数组指针变量的说明和使用

### 8.2.1 定 义

指向数组的指针变量称为数组指针变量。在讨论数组指针变量的说明和使用之前，首先明确几个关系。

一个数组是由连续的一块内存单元组成的。数组名就是这块连续内存单元的首地址。一个数组也是由各个数组元素(下标变量) 组成的。每个数组元素按其类型不同占有几个连续的内存单元。一个数组元素的首地址也是指它所占有的几个内存单元的首地址。一个指针变量既可以指向一个数组，也可以指向一个数组元素，可把数组名或第一个元素的地址赋予它。若要使指针变量指向第 i 号元素，则可以把 i 号元素的首地址赋予它或把数组名加 i 赋予它。

设有实数数组 a，指向 a 的指针变量为 pa，数组与指针的关系如图 8.1 所示。

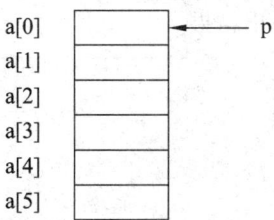

图 8.1　数组与指针

由图 8.1 可以看出有以下关系：

p,a,&a[0]均指向同一单元，它们是数组 a 的首地址，也是 0 号元素 a[0]的首地址。pa+1,a+1,&a[1]均指向 1 号元素 a[1]。类推可知 a+i,a+i,&a[i]指向 i 号元素 a[i]。应该说明的是 pa 是变量，而 a,&a[i]都是常量。在编程时应予以注意。

语法如下：

```
类型说明符 * 指针变量名
```

其中类型说明符表示所指数组的类型。从一般形式可以看出指向数组的指针变量和指向普通变量的指针变量的说明是相同的。

引入指针变量后，就可以用两种方法来访问数组元素了。

第一种方法为下标法，即用 a[i]形式访问数组元素。在第 6 章中介绍数组时都是采用这种方法。

第二种方法为指针法，即采用*(pa+i)形式，用间接访问的方法来访问数组元素。

```
main()
{
  int a[5],i,*pa;
```

```
    pa=a;
    for(i=0; i<5; i++)
    {
      *pa=i;
      pa++;
    }
    pa=a;
    for(i=0; i<5; i++)
    {
      printf("a[%d]=%d\n",i,*pa);
      pa++;
    }
}
```

请写出每行的作用和程序输出结果。

## 8.2.2 数组名和数组指针变量作函数参数

数组名就是数组的首地址，实参向形参传送数组名实际上就是传送数组的地址，形参得到该地址后也指向同一数组。这就好像同一件物品有两个彼此不同的名称一样。同样，指针变量的值也是地址，数组指针变量的值即为数组的首地址，当然也可作为函数的参数使用。

```
float aver(float *pa);
main()
{
    float sco[5],av,*sp;
```

  int i;
 sp=sco;
  printf("\ninput 5 scores:\n");
  for(i=0；i<5；i++) scanf("%f",&sco[i]);
  av=aver(sp);
  printf("average score is %5.2f",av);
 }
 float aver(float *pa)
 {
   int i;
   float av,s=0；
   for(i=0；i<5；i++) s=s+*pa++;
   av=s/5；
   return av；
 }

### 8.2.3　指向多维数组的指针变量

本小节以二维数组为例来介绍多维数组的指针变量。

#### 1. 多维数组地址的表示方法

  设有整型二维数组 int a[3][4]={0,1,2,3,4,5,6,7,8,9,10,11}，其地址如 8.2 所示。

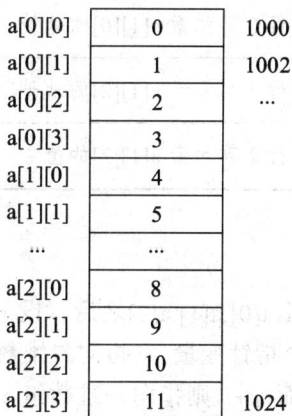

**图 8.2　多维数组地址**

  设数组 a 的首地址为 1000，各下标变量的首地址及其值如图 8.2 所示。在第 6 章中介绍过，C 语言允许把一个二维数组分解为多个一维数组来处理。因此数组 a 可分解为三个一维数组，即 a[0]，a[1]，a[2]。每一个一维数组又含有四个元素。例如 a[0]数组，含有 a[0][0]，a[0][1]，a[0][2]，a[0][3]四个元素。数组及数组元素的地址表示如下：a 是二维数组名，也是二维数组 0 行的首地址，等于 1000。a[0]是第一个一维数组的数组名和首地址，因此也为 1000。*(a+0)或*a 是与 a[0]等效的，它表示一维数组 a[0]0 号元素的首地址。也为 1000。&a[0][0]是二维数组 a 的 0 行 0 列元素首地址，同样是 1000。因此，a，a[0]，*(a+0)，*a，&a[0][0]是相等的。同理，a+1 是二维数组 1 行的首地址，等于 1008。a[1]是第二个一维数组的数组名和首地址，因此也为 1008。 &a[1][0]是二维数组 a 的 1 行 0 列元素地址，也是 1008。因此 a+1,a[1],*(a+1),&a[1][0]是等同的。由此可得出：a+i，a[i]，*(a+i)，&a[i][0]是等同的。此外，&a[i]和 a[i]也是等同的。因为在二维数组中不能把&a[i]理解为元素 a[i]的地址，不存在元素 a[i]。

C 语言规定，它是一种地址计算方法，表示数组 a 第 i 行首地址。由此，可以得出：a[i]，&a[i]，*(a+i)和 a+i 也都是等同的。另外，a[0]也可以看成是 a[0]+0 是一维数组 a[0]的 0 号元素的首地址，而 a[0]+1 则是 a[0]的 1 号元素首地址，由此可得出 a[i]+j 则是一维数组 a[i]的 j 号元素首地址，它等于&a[i][j]。由 a[i]=*(a+i)得 a[i]+j=*(a+i)+j，由于*(a+i)+j 是二维数组 a 的 i 行 j 列元素的首地址。该元素的值等于*(*(a+i)+j)。数组 a 的性质见表 8.1。

表 8.1 数组 a 的性质

| 表示形式 | 含义 | 地址 |
| --- | --- | --- |
| a | 二维数组名，指向一维数组 a[0],即 0 行首地址 | 1000 |
| a[0],*(a+0),*a | 0 行 0 列元素地址 | 1000 |
| a+1,&a[1] | 1 行首地址 | 1008 |
| a[1],*(a+1) | 1 行 0 列元素 a[1][0]的地址 | 1008 |
| a[1]+2,*(a+1)+2,&a[1][2] | 1 行 2 列元素 a[1][2]的地址 | 1010 |
| *(a[1]+2),*(*(a+1)+2),a[1][2] | 1 行 2 列元素 a[1][2]的值 | 元素值 6 |

### 2. 多维数组的指针变量

把二维数组 a 分解为一维数组 a[0],a[1],a[2]之后，设 p 为指向二维数组的指针变量。可定义为：int (*p)[4] 它表示 p 是一个指针变量,它指向二维数组 a 或指向第一个一维数组 a[0]，其值等于 a,a[0], 或&a[0][0]等。而 p+i 则指向一维数组 a[i]。从前面的分析可得出*(p+i)+j 是二维数组 i 行 j 列的元素的地址，而*(*(p+i)+j)则是 i 行 j 列元素的值。

语法如下：

类型说明符 (*指针变量名)[长度]

其中：
（1）"类型说明符"为所指数组的数据类型。
（2）"*"表示其后的变量是指针类型。
（3）"长度"表示二维数组分解为多个一维数组时，一维数组的长度，也就是二维数组的列数。

注意："(*指针变量名)"两边的括号不可少，如缺少括号则表示是指针数组意义就完全不同了。

例：输出二维数组任一行一列元素的值。

```
void main()
{
    int a[3][4]={1,2,3,4,5,6,7,8,9,10,11,12};
    int (*p)[4],i,j;
    p=a;
    scanf("i=%d,j=%d",&i,&j);
    printf("a[%d,%d]=%d\n",i,j,*(*(p+i)+j));
}
```

请写出每行程序的作用及输入 2,3 时程序的运行结果。

案例 2：有一个班，3 个学生，4 门课程，计算总平均分数以及第 n 个学生的成绩。

**分析**：用函数 average 求总平均成绩，用函数 search 找出并输出第 i 个学生的成绩。

第一步：写出 average 函数。

```
void average(float *p,int n)
{
    float *pe;
    float sum=0,aver;
    pe=p+n-1;
    for(;p<=pe;p++)
     sum+=*p;
     aver=sum/n;
     printf("average=%5.2f\n",aver);
}
```

第二步：写出 search 函数。

第三步：写出主函数。

第四步：测试并验证程序结果。

## 8.3 字符串与指针

字符串指针变量的说明与指向字符变量的指针变量说明是相同的。只能按对指针变量的赋值不同来区别。对指向字符变量的指针变量应赋予该字符变量的地址。如：char c,*p=&c；表示 p 是一个指向字符变量 c 的指针变量。而：char*s="CLanguage"；则表示 s 是一个指向字符串的指针变量，把字符串的首地址赋予了 s。例如：

```
main()
{
   char *ps;
   ps="C Language";
   printf("%s",ps);
}
```
运行结果为：C Language

上例中，首先定义 ps 是一个字符指针变量，然后把字符串的首地址赋予 ps（应写出整个字符串，以便编译系统把该串装入连续的一块内存单元），并把首地址送入 ps。程序中：

char *ps；ps="C Language"；

等效于：

char *ps="C Language"；

下面实现输出字符串中 n 个字符后的所有字符。

```
main()
{
    char *ps="this is a book";
    int n=10;
    ps=ps+n;
    printf("%s\n",ps);
}
```

运行结果为：book

在程序中对 ps 初始化时，即把字符串首地址赋予 ps，当 ps= ps+10 之后，ps 指向字符'b'，因此输出为"book"。

```
main()
{
    char st[20],*ps;
    int i;
    printf("input a string:\n");
    ps=st;
    scanf("%s",ps);
    for(i=0;  ps[i]!='\0';  i++)
       if(ps[i]=='k')
       {
          printf("there is a 'k' in the string\n");
          break;
       }
    if(ps[i]=='\0')
    printf("There is no 'k' in the string\n");
}
```

本例是在输入的字符串中查找有无 'k' 字符。下面这个例子是将指针变量指向一个格式字符串，用在 printf 函数中，用于输出二维数组的各种地址表示的值。但在 printf 语句中用指针变量代替了格式串。这也是程序中常用的方法。

```
main()
{
    static int a[3][4]={0,1,2,3,4,5,6,7,8,9,10,11};
    char *p;
    p="%d,%d,%d,%d,%d\n";
    printf(p,a,*a,a[0],&a[0],&a[0][0]);
    printf(p,a+1,*(a+1),a[1],&a[1],&a[1][0]);
    printf(p,a+2,*(a+2),a[2],&a[2],&a[2][0]);
    printf("%d,%d\n",a[1]+1,*(a+1)+1);
```

```
    printf("%d,%d\n",*(a[1]+1),*(*(a+1)+1));
}
```

下例是讲解，把字符串指针作为函数参数的使用。要求把一个字符串的内容复制到另一个字符串中，并且不能使用 strcpy 函数。函数 cprstr 的形参为两个字符指针变量。s 指向源字符串，d 指向目标字符串。

```
    cpystr(char *s,char *d)
    {
       while((*d=*s)!='\0')
       {
          pds++;
          pss++;
       }
    }
    main()
    {
     char *pa="CHINA",b[10],*pb;
     pb=b;
     cpystr(pa, pb);
       printf("string a=%s\nstring b=%s\n",pa, pb);
    }
```

在上例中，程序完成了两项工作：一是把 s 指向的源字符复制到 d 所指向的目标字符中，二是判断所复制的字符是否为'\0'，若是则表明源字符串结束，不是的话则再循环。否则，d 和 s 都加 1，指向下一字符。在主函数中，以指针变量 pa，pb 为实参，分别取得确定值后调用 cprstr 函数。由于采用的指针变量 pa 和 s，pb 和 d 均指向同一字符串，因此在主函数和 cprstr 函数中均可使用这些字符串。也可以把 cprstr 函数简化为以下形式：

```
    cprstr(char *s,char*d)
    {
       while ((*d++=*s++)!='\0');
    }
```

即把指针的移动和赋值合并在一个语句中。进一步分析还可发现'\0'的 ASCⅡ码为 0，对于 while 语句只看表达式的值为非 0 就循环，为 0 则结束循环，因此也可省去"!='\0'"这一判断部分，而写为以下形式：

```
    cprstr(char *s,char*d)
    {
       while (*d++=*s++);
    }
```

表达式的意义可解释为，源字符向目标字符赋值，移动指针，若所赋值为非 0 则循环，否则结束循环。这样使程序更加简洁。请把简化后的程序写在下框中。

用字符数组和字符指针变量都可实现字符串的存储和运算。但是两者是有区别的。在使用时应注意以下几个问题：

（1）字符串指针变量本身是一个变量，用于存放字符串的首地址。而字符串本身是存放在以该首地址为首的一块连续的内存空间中并以'\0'作为串的结束的。字符数组是由若干个数组元素组成的，它可用来存放整个字符串。

（2）对字符数组作初始化赋值，必须采用外部类型或静态类型，如：static char st[]={"C Language"}；而对字符串指针变量则无此限制，如：char *ps="C Language"；

（3）字符串指针方式 char *ps="C Language"；可以写为：char *ps；ps="C Language"；而数组方式：static char st[]={"C Language"}；不能写为：char st[20]；st={"C Language"}；而只能对字符数组的各元素逐个赋值。

从以上几点可以看出字符串指针变量与字符数组在使用时的区别，同时也可看出使用指针变量更加方便。前面说过，当一个指针变量在未取得确定地址前使用是危险的，容易引起错误。但是对指针变量直接赋值是可以的。因为 C 系统对指针变量赋值时要给以确定的地址。因此，

　　char *ps="C Langage"；

或者

　　char *ps；

　　ps="C Language"；

　　都是合法的。

案例 3：不使用 strlen 函数，编写程序取得一字符串长度。

**TIPS** 分析：通过判断字符串值是否为'\0'来判断字符串是否结束，用while循环来计数即可。

第一步：构造循环判断表达式。
　　　　while(*s!='\0')
第二步：用 C 语言编码实现。

第三步：测试并验证程序运行结果。

## 8.4 函数指针变量

在 C 语言中规定，一个函数总是占用一段连续的内存区，而函数名就是该函数所占内存区的首地址。因此可以把函数的这个首地址（或称入口地址）赋予一个指针变量，使该指针变量指向该函数。然后通过指针变量就可以找到并调用这个函数。我们把这种指向函数的指针变量称为函数指针变量。

### 8.4.1 定 义

**1. 语 法**

语法如下：

> 类型说明符 (*指针变量名)();

其中：

（1）"类型说明符"表示被指函数的返回值的类型。
（2）"(* 指针变量名)"表示"*"后面的变量是定义的指针变量。
（3）最后的空括号表示指针变量所指的是一个函数。

例如：int (*pf)();

表示 pf 是一个指向函数入口的指针变量，该函数的返回值(函数值)是整型。

下面通过例子来说明用指针形式实现对函数调用的方法。

```
int max(int a,int b)
{
   if(a>b)return a;
   else return b;
}
main()
{
   int(*pmax)();
   int x,y,z;
   pmax=max;
   printf("input two numbers:\n");
   scanf("%d%d",&x,&y);
   z=(*pmax)(x,y);
   printf("maxmum=%d",z);
}
```

从上述程序可以看出，用函数指针变量形式调用函数的步骤如下：

（1）先定义函数指针变量，如程序中第 9 行 int (*pmax)();定义 pmax 为函数指针变量。
（2）把被调函数的入口地址(函数名)赋予该函数指针变量，如程序中第 11 行 pmax=max。

（3）用函数指针变量形式调用函数，如程序第 14 行 z=(*pmax)(x,y)；调用函数的一般形式为：（*指针变量名）（实参表）。

#### 2. 使用注意事项

使用函数指针变量还应注意以下两点：

（1）函数指针变量不能进行算术运算，这是与数组指针变量不同的。数组指针变量加减一个整数可使指针移动指向后面或前面的数组元素，而函数指针的移动是毫无意义的。

（2）函数调用中"(*指针变量名)"的两边的括号不可少，其中的*不应该理解为求值运算，在此处它只是一种表示符号。

### 8.4.2 指针型函数

前面介绍过，所谓函数类型是指函数返回值的类型。在 C 语言中允许一个函数的返回值是一个指针(即地址)，这种返回指针值的函数称为指针型函数。

#### 1. 语　法

语法如下：

```
类型说明符 *函数名(形参表)
{
    … /*函数体*/
}
```

其中：

（1）函数名之前加了"*"号表明这是一个指针型函数，即返回值是一个指针。
（2）类型说明符表示了返回的指针值所指向的数据类型。
如：

```
int *ap(int x,int y)
{
    ...... /*函数体*/
}
```

表示 ap 是一个返回指针值的指针型函数，它返回的指针指向一个整型变量。下例中定义了一个指针型函数 day_name，它的返回值指向一个字符串。该函数中定义了一个静态指针数组 name。name 数组初始化赋值为 8 个字符串，分别表示各个星期名及出错提示。形参 n 表示与星期名所对应的整数。在主函数中，把输入的整数 i 作为实参，在 printf 语句中调用 day_name 函数并把 i 值传送给形参 n。day_name 函数中的 return 语句包含一个条件表达式，n 值若大于 7 或小于 1 则把 name[0]指针返回主函数以输出出错提示字符串"Illegal day"。否则返回主函数以输出对应的星期名。主函数中的第 7 行是个条件语句，其语义是，如输入为负数(i<0)，则中止程序运行退出程序。exit 是一个库函数，exit(1)表示发生错误后退出程序，exit(0)表示正常退出。

main()

```
{
    int i;
    char *day_name(int n);
    printf("input Day No:\n");
    scanf("%d",&i);
    if(i<0) exit(1);
    printf("Day No:%2d-->%s\n",i,day_name(i));
}
char *day_name(int n)
{
    static char *name[]={ "Illegal day","Monday","Tuesday","Wednesday",
    "Thursday","Friday","Saturday","Sunday"};
    return((n<1||n>7) ? name[0] : name[n]);
}
```

本程序是通过指针函数，输入一个 1~7 的整数，输出对应的星期名。一个数组元素值为指针数组则是指针数组。指针数组是一组有序的指针的集合。指针数组的所有元素都必须是具有相同存储类型和指向相同数据类型的指针变量。

**2. 指针型函数与函数指针变量**

应该特别注意的是函数指针变量和指针型函数这两者在写法和意义上的区别。如 int(*p)()和 int *p()是两个完全不同的量。int(*p)()是一个变量说明，说明 p 是一个指向函数入口的指针变量，该函数的返回值是整型量，(*p)的两边的括号不能少。int *p() 则不是变量说明而是函数说明，说明 p 是一个指针型函数，其返回值是一个指向整型量的指针，*p 两边没有括号。作为函数说明，在括号内最好写入形式参数，这样便于与变量说明区别。对于指针型函数定义，int *p()只是函数头部分，一般还应该有函数体部分。

## 8.5 指针数组

### 8.5.1 定 义

语法如下：

类型说明符*数组名[数组长度]

其中：

类型说明符为指针值所指向的变量的类型。

例如：int *pa[3]表示 pa 是一个指针数组，它有三个数组元素，每个元素值都是一个指针，指向整型变量。通常可用一个指针数组来指向一个二维数组。指针数组中的每个元素被赋予二维数组每一行的首地址，因此也可理解为指向一个一维数组。图 8.3 表示了这种关系。

```
int a[3][3]={1,2,3,4,5,6,7,8,9};
int *pa[3]={a[0],a[1],a[2]};
int *p=a[0];
main()
{
int i;
for(i=0; i<3; i++)
    printf("%d,%d,%d\n",a[i][2-i],*a[i],*(*(a+i)+i));
for(i=0; i<3; i++)
    printf("%d,%d,%d\n",*pa[i],p[i],*(p+i));
}
```

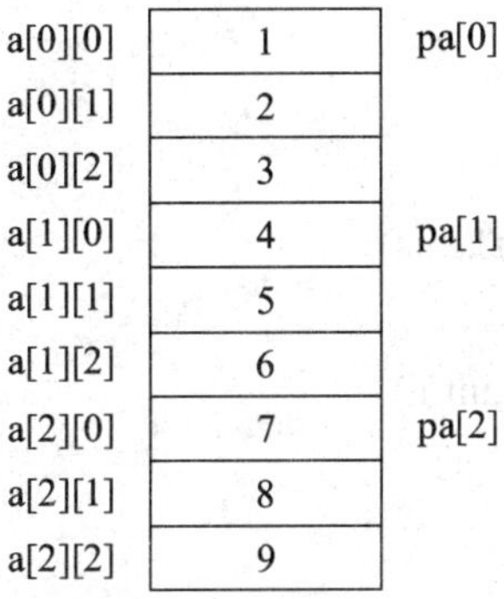

| | | |
|---|---|---|
| a[0][0] | 1 | pa[0] |
| a[0][1] | 2 | |
| a[0][2] | 3 | |
| a[1][0] | 4 | pa[1] |
| a[1][1] | 5 | |
| a[1][2] | 6 | |
| a[2][0] | 7 | pa[2] |
| a[2][1] | 8 | |
| a[2][2] | 9 | |

图 8.3　指针数组

本例程序中，pa 是一个指针数组，三个元素分别指向二维数组 a 的各行。然后用循环语句输出指定的数组元素。其中*a[i]表示 i 行 0 列元素值；*(*(a+i)+i)表示 i 行 i 列的元素值；*pa[i]表示 i 行 0 列元素值；由于 p 与 a[0]相同，故 p[i]表示 0 行 i 列的值；*(p+i)表示 0 行 i 列的值。读者可仔细领会元素值的各种不同的表示方法。

应该注意指针数组和二维数组指针变量的区别。这两者虽然都可用来表示二维数组，但是其表示方法和意义是不同的。

二维数组指针变量是单个的变量，其一般形式中"(*指针变量名)"两边的括号不可少。而指针数组类型表示的是多个指针(一组有序指针)在一般形式中"*指针数组名"两边不能有括号。例如：int (*p)[3];表示一个指向二维数组的指针变量。该二维数组的列数为 3 或分解为一维数组的长度为 3。int *p[3]表示 p 是一个指针数组，有三个下标变量 p[0], p[1], p[2]均为指针变量。

指针数组也常用来表示一组字符串，这时指针数组的每个元素被赋予一个字符串的首地址。指向字符串的指针数组的初始化更为简单。例如下例中即采用指针数组来表示一组字符串。其初始化赋值为：

char *name[]={"Monday","Tuesday","Wednesday","Thursday","Friday",
"Saturday","Sunday"};

完成这个初始化赋值之后，name[0]即指向字符串" Monday "，name[1]指"Tuesday"，依此类推。

指针数组也可以用作函数参数。在下例主函数中，定义了一个指针数组 name，并对 name 作了初始化赋值。其每个元素都指向一个字符串。然后又以 name 作为实参调用指针型函数 day_name，在调用时把数组名 name 赋予形参变量 name，输入的整数 i 作为第二个实参赋予形参 n。在 day_name 函数中定义了两个指针变量 p1 和 p2，p1 被赋予 name[0]的值(即*name)，p2 被赋予 name[n]的值即*(name+n)。由条件表达式决定返回 p1 或 p2 指针给主函数中的指针变量 ps。最后输出 i 和 ps 的值。

```c
main()
{
    char *name[]={"Monday","Tuesday","Wednesday","Thursday","Friday",
                  "Saturday","Sunday"};
    int i;
    char *day_name(char *name[],int n);
    printf("input Day No:\n");
    scanf("%d",&i);
    if(i<0) exit(1);
    ps=day_name(name,i);
    printf("Day No:%2d-->%s\n",i,ps);
}
char *day_name(char *name[],int n)
{
    char *p1,*p2;
    p1=*name;
    p2=*(name+n);
    return((n<1||n>7)? p1:p2);
}
```

**案例 4**：输入 5 个国家名并按字母顺序排列后输出。

> **分析**：把所有的字符串存放在一个数组中，把这些字符数组的首地址放在一个指针数组中，当需要交换两个字符串时，只须交换指针数组相应两元素的内容(地址)即可，而不必交换字符串本身。程序中定义了两个函数，一个名为sort函数完成排序，其形参为指针数组name，即为待排序的各字符串数组的指针。形参n为字符串的个数。另一个函数名为print，用于排序后字符串的输出，其形参与sort的形参相同。主函数main中，定义了指针数组name并作了初始化赋值。然后分别调用sort函数和print函数完成排序和输出。值得说明的是在sort函数中，对两个字符串比较，采用了strcmp 函数，strcmp函数允许参与比较的串以指针方式出现。name[k]和name[j]均为指针，因此是合法的。字符串比较后需要交换时，只交换指针数组元素的值，而不交换具体的字符串，这样将大大减少时间的开销，提高了运行效率。

第一步：用 C 语言编写代码实现。

```c
#include"string.h"
main()
{
    void sort(char *name[],int n);
    void print(char *name[],int n);
    static char *name[]={ "CHINA","AMERICA","AUSTRALIA","FRANCE","GERMAN"};
    int n=5;
    sort(name,n);
    print(name,n);
}
void sort(char *name[],int n)
{
    char *pt;
    int i,j,k;
    for(i=0;i<n-1;i++)
    {
        k=i;
        for(j=i+1;j<n;j++)
        if(strcmp(name[k],name[j])>0) k=j;
        if(k!=i)
        {
            pt=name[i];
            name[i]=name[k];
            name[k]=pt;
        }
    }
}
void print(char *name[],int n)
{
    int i;
    for (i=0;i<n;i++)
        printf("%s\n",name[i]);
}
```

第二步：测试并验证程序运行结果。

### 8.5.2　main 函数的参数

前面介绍的 main 函数都是不带参数的。因此 main 函数后的括号都是空括号。实际上，main 函数可以带参数，这个参数可以认为是 main 函数的形式参数。C 语言规定 main 函数的参数只能有两个，习惯上把这两个参数写为 argc 和 argv。因此，main 函数的函数头可写为：main(argc,argv)。C 语言还规定 argc(第一个形参)必须是整型变量，argv(第二个形参)必须是指向字符串的指针数组。加上形参说明后，main 函数的函数头应写为：

   main (int argc,char *argv[])

由于 main 函数不能被其他函数调用，因此不可能在程序内部取得实际值。那么，在何处把实参值赋予 main 函数的形参呢？实际上，main 函数的参数值是从操作系统命令行上获得的。当要运行一个可执行文件时，在 DOS 提示符下键入文件名，再输入实际参数即可把这些实参传送到 main 函数的形参中去。

DOS 提示符下命令行的一般形式为：C:\>可执行文件名　参数　参数……；但是应该特别注意的是，main 的两个形参和命令行中的参数在位置上不是一一对应的。因为，main 的形参只有二个，而命令行中的参数个数原则上未加限制。argc 参数表示了命令行中参数的个数(注意：文件名本身也算一个参数)，argc 的值是在输入命令行时由系统按实际参数的个数自动赋予的。例如有命令行为：C:\>File 24 Base DB Oracle 由于文件名 File 24 本身也算一个参数，因此共有 4 个参数，因此 argc 取得的值为 4。argv 参数是字符串指针数组，其各元素值为命令行中各字符串(参数均按字符串处理)的首地址。指针数组的长度即为参数个数。数组元素初值由系统自动赋予。如果有一个名为 file1 的文件，它包含以下的 main 函数：

   main(int argc,char *argv[])
   {
     while(argc>1)
     {
       printf("%s\n",*++argv);
       --argc;
     }
   }

在 DOS 命令状态下输入命令行为：file1　China　ChengDu

则运行结果为：

China

ChengDu

该命令行共有 3 个参数，执行 main 函数时，argc 的初值即为 3。argv 的 3 个元素分为 3 个字符串的首地址。执行 while 语句，每循环一次 argc 值减 1，当 argc 等于 1 时停止循环，共循环 2 次，因此共可输出两个参数。在 printf 函数中，由于打印项*argv 是先加 1 再打印，故第一次打印的是 argv[1]所指的字符串 China。第二次循环打印字符串 ChengDu。而参数 file1 是文件名，不必输出。

### 8.5.3 指向指针的指针

在前面已经介绍过，通过指针访问变量称为间接访问，简称间访。由于指针变量直接指向变量，因此称为单级间访。而如果通过指向指针的指针变量来访问变量则构成了二级或多级间访。在 C 语言程序中，对间访的级数并未明确限制，但是间访级数太多时不容易理解，也容易出错，因此，一般很少超过二级间访。

语法如下：

类型说明符** 指针变量名；

例如： int ** pp；表示 pp 是一个指针变量，它指向另一个指针变量，而这个指针变量指向一个整型量。下面举一个例子来说明这种关系。

```
main()
{
  int x,*p,**pp;
  x=10;
  p=&x;
  pp=&p;
  printf("x=%d\n",**pp);
}
```

上例程序中 p 是一个指针变量，指向整型量 x；pp 也是一个指针变量，它指向指针变量 p。通过 pp 变量访问 x 的写法是**pp。程序最后输出 x 的值为 10。通过上例，读者可以学习指向指针的指针变量的说明和使用方法。

下述程序中首先定义说明了指针数组 ps 并作了初始化赋值。又说明了 pps 是一个指向指针的指针变量。在 5 次循环中，pps 分别取得了 ps[0]，ps[1]，ps[2]，ps[3]，ps[4]的地址值。再通过这些地址即可找到该字符串。

```
main()
{
```

```
        static char *ps[]={ "BASIC","DBASE","C","FORTRAN","PASCAL"};
        char **pps;
        int i;
        for(i=0; i<5; i++)
        {
            pps=ps+i;
            printf("%s\n",*pps);
        }
    }
```
本程序是用指向指针的指针变量编程，输出多个字符串。

**拓展练习**

问题 1：输入一行文字，找出其中大写字母、小写字母、空格、数字以及其他字符各有多少？

问题 2：写一函数，将一个 3×3 的整矩阵转置。

问题 3：输入一个字符串，内有数字和非数字字符，例如：

a123x567 18320# 320thi5534

将其中连续的数字作为一个整数，依次存放到一数组中。例如 123 放在 a[0]，567 存放在 a[1]...统计共有多少个整数，并输出这些数。

问题 4：输入 10 个整数，将其中最小的数与第一个数对换，把最大的数与最后一个数对换。写 3 个函数：

（1）输入 10 个数。

（2）进行处理。

（3）输出 10 个数。

**课后作业**

1. 有一字符串，包含 n 个字符。写一函数，将此字符串中从 m 个字符开始的全部字符复制成为另一个字符串。

2. 将 n 个数按输入时顺序逆序排列，用函数实现。

3. 有一个班 4 个学生，5 门课程。要求：

（1）求一门课程的平均分。

（2）找出有 2 门以上课程不及格的学生，输出他们的学号和全部课程成绩及平均成绩。

（3）找出平均成绩在 90 分以上或全部课程成绩在 85 分以上的学生。

分别编写 3 个函数实现上述要求。

4. 编一程序，输入月份号，输出该月的英文月份名。例如，输入"3"，则输出"March"，要求用指针数组处理。

5. 用指向指针的指针的方法对 5 个字符串排序并输出。

# 第 9 章 结构体

**学习目标**

完成本学习任务后,应当能够:

- 能够定义结构体类型;
- 能够使用结构体类型定义变量;
- 能够定义结构体数组并遍历数组;
- 能够定义嵌套结构体类型;
- 能够控制指向结构体数组的指针。

**学习内容**

- 使用结构体,完成自定义学生类型这种复合数据类型;
- 使用自定义学生结构体类型,定义学生变量,并完成初始化;
- 使用结构体数组,计算多名学生的平均成绩;
- 使用嵌套结构体,给学生类型添加 birthday 成员表示出生年、月、日;
- 使用结构体数组指针,以多种方式访问结构体元素的成员。

## 9.1 定义结构体类型

### 9.1.1 任务一

本任务存放某班 20 名学生的 C 语言期末成绩。

**1. 分析**

(1)期末成绩通常为 0~100 的整数,因此采用 int 类型存放一个学生的成绩。
(2)20 名学生的成绩,那么使用长度为 20 的整型数组来存放。
int scoreC[20];

**2. 编码**

请大家完成编码:

## 9.1.2 任务二

本任务存放某班 20 名学生的学籍信息，包含学生 8 位数的学号、姓名、C 语言成绩、英语成绩。

**1. 分　析**

（1）选择合适的数据存储类型，数据类型如图 9.1 所示。

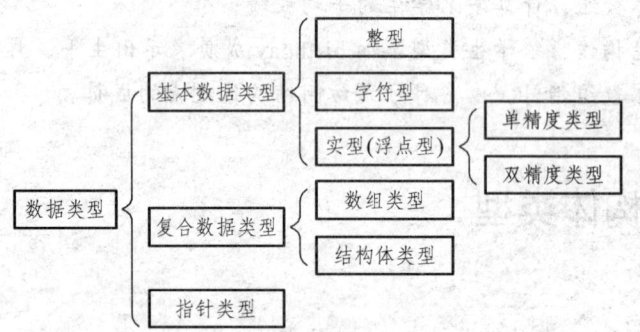

图 9.1　数据类型

（2）一个学生的学号可以使用字符数组。
（3）一个学生的姓名可以使用字符数组。
（4）一个学生的 C 语言成绩可以使用整型。
（5）一个学生的英语成绩可以使用整型。
（6）因此 20 名学生的所有信息可定义为：

　　char stuNum[20][8];
　　char stuName[20][20];
　　int scoreC[20];
　　int scoreEng[20];

## 第 9 章 结构体

### 2. 弊端分析

（1）所有信息是分散单独存在的，很难表现出内在联系。
（2）操作全部依赖数组下标匹配，稍不留意就出现无效数据和冗余数据。

> 例如，当需要删除第二名学生记录，必须对4个数组的第二个元素均删除，否则发生很严重的匹配问题。
> 导致这种状况的原因，是一个学生的数据应该是一个整体，但却分散定义在不同的数组中。因此很难做到"一并删除"、"一并修改"、"一并添加"等操作。分散的存储方式很难保证数据统一性。

### 3. 弊端解决方法

（1）应当将每一个学生的学号、姓名、C语言成绩、英语成绩这些信息组合在一起，复合形成一种新的类型：学生类型。如图9.2所示。

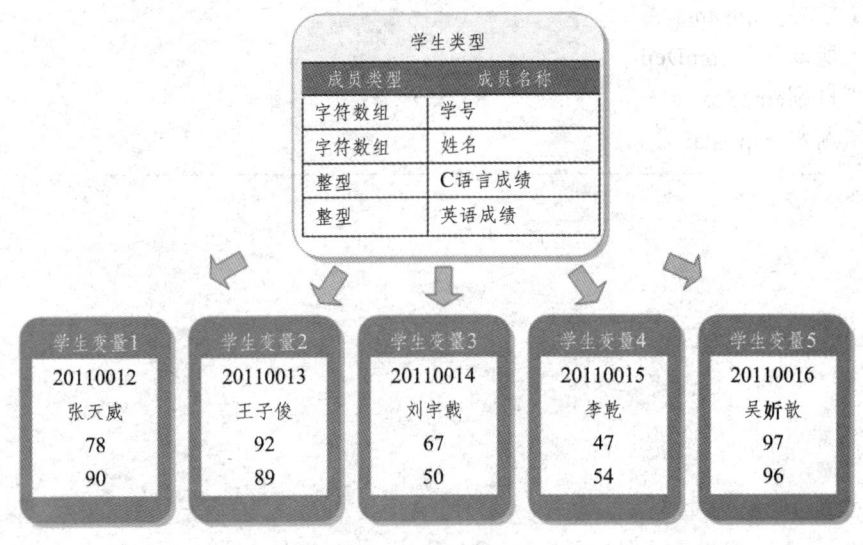

图 9.2　学生类型

（2）之后，可使用自定义的学生类型，定义20个元素，形成学生类型的数组。

### 4. 编码

```
struct student{
    char *stuNum;
    char *stuName;
    int scoreC;
    int scoreEng;
}
```

说明：

（1）上面代码定义了一个新的结构体类型 student。

（2）struct 关键字，用于定义结构体。

### 5. 结构体类型定义形式

```
struct 结构体名
{
    成员类型  成员名称;
    成员类型  成员名称;
    ……
}
```

**思考**：定义一个结构体类型，表示公司员工 employee，包含：

① 员工编号empCode。

② 员工姓名empNam。

③ 员工所属部门empDep。

④ 员工性别empSex。

⑤ 员工薪水empSalar。

## 9.2 定义结构体变量

### 9.2.1 任务三

本任务定义两名学生。

学生一：

（学号 20110001，姓名 Tommy，C 语言成绩 90，英语成绩 89）

学生二：

（学号 20110002，姓名 Jessica，C 语言成绩 70，英语成绩 69）

**1. 定 义**

使用结构体类型 student 定义一个学生的变量，有两种方法：

（1）间接定义：先定义结构体，再定义变量名。

（2）直接定义：在定义结构体的同时，定义该结构体的变量。

**2. 结构体类型定义形式**

（1）间接定义：先定义结构体，再定义变量名。

```
struct 结构体名
{
    成员类型  成员名称；
    成员类型  成员名称；
    ……
}
struct 结构体名  结构体变量1，结构体变量2…；
```

（2）直接定义：在定义结构体的同时，定义该结构体的变量。

```
struct 结构体名
{
    成员类型  成员名称；
    成员类型  成员名称；
    ……
}结构体变量1，结构体变量2…；
```

## 3. 编码

```
struct student{
    char *stuNum;
    char *stuName;
    int scoreC;
    int scoreEng;
}
//......
struct  student  stu1, stu2;
```

```
struct student{
    char *stuNum;
    char *stuName;
    int scoreC;
    int scoreEng;
}
//......
struct  student  stu1, stu2;
```

## 4. 初始化（为变量 stu1，stu2 赋值）

结构体变量赋值有两种方式：
（1）在定义的同时赋值；
（2）逐个成员元素的赋值。

## 5. 编码

下面以学生一，Tommy 为例：

```
struct student{
    char *stuNum;
    char *stuName;
    int scoreC;
    int scoreEng;
} stu1={"20110001","Tommy",90,89};
```

# 第9章 结构体

```
struct student{
    char *stuNum;
    char *stuName;
    int scoreC;
    int scoreEng;
} stu1;

//......

stu1.stuNum="20110001";
stu1.stuName="Tommy";
stu1.scoreC=90;
stu1.scoreEng=89;
```

**思考：** 请完成学生二 Jessica 的赋值。

 **上面代码中，使用了 ".  "这个符号，表示对结构体中的成员进行引用。**

```
struct student{
    char *stuNum;
    char *stuName;
    int scoreC;
    int scoreEng;
}stu2=
```

```
struct student{
    char *stuNum;
    char *stuName;
    int scoreC;
    int scoreEng;
} stu2;

//......
```

## 9.2.2 任务三完整编码

```c
#include <stdio.h>
struct student{
    char *stuNum;
    char *stuName;
    int scoreC;
    int scoreEng;
};

void main(){
    struct student stu1={"20110001","Tommy",90,89};
    struct student stu2={"20110002","Jessica",70,69};

    printf("num=%s    name=%s    scoreC=%d    scoreEng=%d \n",
            stu1.stuNum, stu1.stuName, stu1.scoreC, stu1.scoreEng);
    printf("num=%s    name=%s    scoreC=%d    scoreEng=%d \n",
            stu2.stuNum, stu2.stuName, stu2.scoreC, stu2.scoreEng);
}
```

测试代码，并记录输出结果：

## 9.2.3 常见错误

（1）定义完结构体之后，不能少了分号！
（2）定义结构体变量与赋值只有以上两种方式：
　　下列这种定义方法是错误的！

```
struct student stu1，stu2；
stu1={"20110001","Tommy",90,89};
stu2={"20110002","Jessica",70,69};
```

因为，在定义结构体变量之后再赋值，就不能按照结构体类型整体复制，只能每个结构体变量逐个成员赋值：

```
struct student stu1，stu2；
```

```
struct student stu1;
stu1.stuNum="20110001";
stu1.stuName="Tommy";
stu1.scoreC=90;

stu2.stuNum="20110002";
stu2.stuName=" Jessica ";
stu2.scoreC=70;
stu2.scoreEng=69;
```

（3）你还遇到了哪些错误，请记录下来：

## 9.3 结构体数组

**任务四**：以四名学生为例，计算平均成绩。

> **分析**：上面代码中只有两名学生，定义两个结构体变量：stu1，stu2。倘若学生人数很多，直接定义的方式工作量太大，管理不方便。可采用数组的形式，定义结构体变量数组，提高编码效率。

**思考**：为什么需要数组，怎样定义数组，怎样对数组赋初值？

### 9.3.1 定 义

分析：与其他简单数据类型一样，定义有两种方式：

## 1. 间接定义

```
struct student{
    char *stuNum;
    char *stuName;
    int scoreC;
    int scoreEng;
};
//......
struct  student  stu[4];
```

## 2. 直接定义

```
struct student{
    char *stuNum;
    char *stuName;
    int scoreC;
    int scoreEng;
} stu[4];
```

### 9.3.2 初始化

#### 1. 方法一

定义时赋初值。

```
struct  student  stu[4]= {  {"20110001","Tom",90,89}
        , {"20110002","Luck",78,35}
        , {"20110003","Jack",98,99}
        , {"20110004","Bush",50,69}
        };
```

以上代码中，内层有四对花括号，表示数组的四个元素。

#### 2. 方法二

在定义后，逐个数组元素并逐个成员的赋初值。

```
struct   student  stu[4];

stu[0].stuNum="20110001";
stu[0].stuName="Tom";
stu[0].scoreC= 90;
stu[0].scoreEng= 89;

stu[1].stuNum="20110002";
stu[1].stuName="Luck";
stu[1].scoreC= 78;
stu[1].scoreEng= 35;

stu[2].stuNum="20110003";
stu[2].stuName="Jack";
stu[2].scoreC= 98;
stu[2].scoreEng= 99;

stu[3].stuNum="20110004";
stu[3].stuName="Bush";
stu[3].scoreC= 50;
stu[3].scoreEng= 69;
```

如果每个结构体的值有规律可循，则可以使用循环来提高赋值效率。但是，以下这种写法是错误的！

```
struct   student  stu[4];
stu[0]={"20110001","Tom",90,89};
stu[1]={"20110002","Luck",78,35};
stu[2]={"20110003","Jack",98,99};
stu[3]={"20110004","Bush",50,69};
```

## 9.3.3  计算平均值

分析：使用 for 循环对数组每个元素遍历，计算成绩总值。

```
#include <stdio.h>
struct student{
   char *stuNum;
   char *stuName;
   int scoreC;
   int scoreEng;
};

void main(){
   struct    student   stu[4]= {   {"20110001","Tom",90,89}
            , {"20110002","Luck",78,35}
            , {"20110003","Jack",98,99}
            , {"20110004","Bush",50,69}
   };

   float sum=0,average=0;

   for(int i=0;i<3;i++){
      sum+=stu[i].scoreC+stu[i].scoreEng;
   }

   average=sum/8;

   printf("average=%d   \n",average);
}
```

输出结果为：




思考：请修改上面代码，计算单科平均值，测试并输出：
核心代码：

输出结果为:

## 9.4 结构体嵌套

任务五:学生类型中,添加出生日期这一成员。

 没有日期这一数据类型。但用户可以自定义。
日期类型,应该包含三部分数据:年、月、日
因此可将日期类型定义为这三个整型数据类型复合而成得结构体类型 Date。

### 1. 自定义 Date 类型

使用该类型定义变量,作为 student 类型的一个成员。

```
struct date
{
int year;
int month;
int day;
};

struct student
{
    char *stuNum;
    char *stuName;
    int scoreC;
    int scoreEng;
    struct date birthday;
};
```

## 2. 嵌套定义

```
struct student
{
    char *stuNum;
    char *stuName;
    int scoreC;
    int scoreEng;
    struct date{
    int year;
    int month;
    int day;
    } birthday;
};
```

不过嵌套定义，有使用域的局限。

## 3. 二级成员

在这里所定义的 year、month、day 是结构体类型 student 的二级成员，那么拥有二级成员的结构体如何定义变量，又如何赋初值呢？

完整编码：

```
#include <stdio.h>
struct data
{
    int year;
    int month;
    int day;
};

struct student
{
    char *stuNum;
    char *stuName;
    int scoreC;
    int scoreEng;

    struct data birthday;
};
```

```
void main()
{
        struct student stu1={"20110123","Tommy",90,88,1992,12,1};

        printf("%s birthday is %d-%d-%d",
            stu1.stuName,
            stu1.birthday.year,
            stu1.birthday.month,
            stu1.birthday.day);
}
```

输出结果为：

说明：
（1）结构体定义完之后不能少了分号！
（2）赋初值时，二级成员的值直接写在花括号内即可；
　　struct student stu1={"20110123","Tommy",90,88,1992,12,1};
这里最后三个整数 1992,12,1 分表示二级成员 birthday 中的 year、month、day。
（3）赋初值，也能逐个赋值：

```
struct student stu1;

stu1.stuNum="20110123";
stu1.stuName="Tommy";
stu1.scoreC=90;
stu1.scoreEng=88;

stu1.birthday.year=1992;
stu1.birthday.month=12;
stu1.birthday.day=1;
```

思考：根据现在的时间，计算上面代码中张德的年龄。
请分组测试代码并写出核心代码：

## 9.5 指向结构体的指针

### 1. 结构体变量的指针

跟其他类型的指针变量一样,亦可定义指向结构体变量的指针:

struct　student　stu1;

struct　student　*p=&stu1;

这里定义了一个指针 p,指向结构体类型的变量,因此指针 p 的类型为 struct student,值为 stu1 的首地址。

### 2. 访问运算符

● 点运算符。

例如:在输出变量 stu1 的姓名的时候:

print("name is:%s",　stu1.stuName);

这里使用点运算符,用于使用结构体变量访问其成员。

● 指针运算符。

符号:->

作用:与点运算符相似,当结构体变量指针访问其成员时候使用。

例如,可以通过下面的方式输出 stu1 的姓名:

struct　student　*p=&stu1;

print("name is:%s",　p->stuName);

示例代码如下:

```
//前略
void main()
{
        struct student stu1={"20110123","Tommy",90,88,1992,12,1};
        struct student *p=&stu1;

        printf("%s birthday is %d-%d-%d \n",
            p->stuName,
            p->birthday.year,
            p->birthday.month,
            p->birthday.day);
}
```

说明：*p=&stu1 由于指针存放的是 stu1 的首地址，所以取地址&符号不能少！

### 3. 结构体数组的访问

下列代码表示定义了结构体类型数组：

<u>struct student stu[4];</u>

<u>struct student *p=stu;</u>

前面讲过，数组名本身就是地址，因此定义指向结构体数组的指针就不需要&符号：那么倘若对指针 p，进行 p++或者 p--运算，会有什么情况呢？

测试以下代码：

```
//前略

void main(){
    struct  student  stu[4]= {   {"20110001","Tom",90,89,1991,10,2}
                    , {"20110002","Luck",78,35,1991,2,13}
                    , {"20110003","Jack",98,99,1992,1,23}
                    , {"20110004","Bush",50,69,1993,12,7}
    };

    struct student *p=stu;

    printf("My name is：%s   \n",      p->stuName);

    p++;
    printf("My name is：%s   \n",      p->stuName);

    p- -;
    printf("My name is：%s   \n",      p->stuName);
}
```

请记录输出结果：

分组讨论：

  p++的作用：


  p- -的作用：


那么要输出上面代码中的 Jack 的姓名，有以下方法：

```
//前略

void main(){
    struct   student   stu[4]= {   {"20110001","Tom",90,89,1991,10,2}
              ,{"20110002","Luck",78,35,1991,2,13}
              ,{"20110003","Jack",98,99,1992,1,23}
              ,{"20110004","Bush",50,69,1993,12,7}};

    struct student *p=stu;
    printf("My name is： %s   \n",    stu[2].stuName);
    printf("My name is： %s   \n",    p[2].stuName);
    printf("My name is： %s   \n",    (stu+2)->stuName);
    printf("My name is： %s   \n",    (p+2)->stuName);
    printf("My name is： %s   \n",    (*(p+2)).stuName);
}
```

输出为：

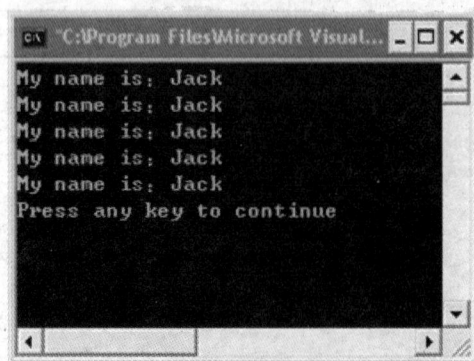

通过上面学习可知，要访问结构体类型数组的第 i 个元素，有如下几种方式：

（1）数组名[i].成员名

（2）指针[i].成员名

（3）(数组名+i)->成员名

（4）(指针+i)->成员名

（5）(*(指针+i).成员名

**拓展练习**

问题 1：使用结构体表示日期，并计算今天，距离今年元旦，一共多少天。

问题 2：为书店书籍定义一个结构体，包含书名，出版社名，定价，并输入 10 本书的相关信息，将最高价和最低价的书籍的名称和出版社信息输出。

**课后作业**

定义一个用户管理系统，包含以下用户信息：

  姓名

  性别

  出生年月

  电话号码

  家庭地址

  email

输入 10 位用户信息，并按照姓名排序输出。

# 第 10 章 文 件

**学习目标**

完成本学习任务后，应当能够：
- 理解缓冲文件系统；
- 使用文件类型指针（FILE 类型指针）；
- 熟练使用文件的打开与关闭；
- 使用 C 提供的常用输入输出标准库函数和文件位置函数；
- 能够编写程序进行简单的文件读写。

**学习内容**
- 在 C 程序中文件的概念；
- 文件指针和位置指针；
- 打开文件、关闭文件；
- C 语言中常用的输入输出库函数；
- 文件定位函数。

## 10.1 文件的基本概念

所谓"文件"是指一组相关数据的有序集合。这个数据集有一个名称，叫做文件名。实际上在前面的各章中已经多次使用了文件，例如源程序文件、目标文件、可执行文件、库文件（头文件）等。文件通常是驻留在外部介质（如磁盘等）上的，在使用时才调入内存中来。从不同的角度可对文件作不同的分类。从用户的角度看，文件可分为普通文件和设备文件两种。

普通文件是指驻留在磁盘或其他外部介质上的一个有序数据集，可以是源文件、目标文件、可执行程序；也可以是一组待输入处理的原始数据，或者是一组输出的结果。对于源文件、目标文件、可执行程序可以称作程序文件，对输入输出数据可称作数据文件。

设备文件是指与主机相连的各种外部设备，如显示器、打印机、键盘等。在操作系统中，把外部设备也看作是一个文件来进行管理，把对它们的输入、输出等同于对磁盘文件的读和写。通常把显示器定义为标准输出文件，一般情况下在屏幕上显示有关信息就是向标准输出文件输出。如前面经常使用的 printf, putchar 函数就是这类输出。键盘通常被指定为标准输入文件，从键盘上输入就意味着从标准输入文件上输入数据。scanf,getchar 函数就属于这类输入。

从文件编码的方式来看，文件可分为 ASCII 码文件和二进制码文件两种。

ASCII 码文件也称为文本文件，这种文件在磁盘中存放时每个字符对应一个字节，用于存放对应的 ASCII 码。例如，数 5678 的存储形式为：

ASCII 码：　　00110101 00110110 00110111 00111000
　　　　　　　　↓　　　　↓　　　　↓　　　　↓
十进制码：　　　5　　　　6　　　　7　　　　8　　共占用 4 个字节。ASCII 码文件可在屏幕上按字符显示。例如，源程序文件就是 ASCII 文件，用 DOS 命令 TYPE 可显示文件的内容。由于是按字符显示，因此能读懂文件内容。

二进制文件是按二进制的编码方式来存放文件的。例如，数 5678 的存储形式为：00010110 00101110 只占两个字节。二进制文件虽然也可在屏幕上显示，但其内容无法读懂。C 系统在处理这些文件时，并不区分类型，都看成是字符流，按字节进行处理。输入输出字符流的开始和结束只由程序控制而不受物理符号（如回车符）的控制。因此也把这种文件称作"流式文件"。

本章讨论流式文件的打开、关闭、读、写、定位等各种操作。在 C 语言中用一个指针变量指向一个文件，这个指针称为文件指针。通过文件指针就可对它所指的文件进行各种操作。定义文件指针的一般形式为：FILE* 指针变量标识符；其中 FILE 应为大写，它实际上是由系统定义的一个结构，该结构中含有文件名、文件状态和文件当前位置等信息。在编写源程序时不必关心 FILE 结构的细节。例如：FILE *fp；表示 fp 是指向 FILE 结构的指针变量，通过 fp 即可找到存放某个文件信息的结构变量，然后按结构变量提供的信息找到该文件，实施对文件的操作。习惯上也笼统地把 fp 称为指向一个文件的指针。文件在进行读写操作之前要先打开，使用完毕要关闭。所谓打开文件，实际上是建立文件的各种有关信息，并使文件指针指向该文件，以便进行其他操作。关闭文件则断开指针与文件之间的联系，也就禁止再对该文件进行操作。

在 C 语言中，文件操作都是由库函数来完成的。在本章内将介绍主要的文件操作函数。

## 10.2　文件指针(FILE)

语法如下：

```
FILE *变量名;
```

其中 FILE 是由系统定义的结构体类型。例如：

　　FILE *fp;

## 10.3 打开文件

语法如下：

> 文件指针名=fopen("文件名","打开方式");

其中：

（1）"文件指针名"必须是被说明为 FILE 类型的指针变量；
（2）"文件名"是被打开文件的文件名；
（3）"使用文件方式"是指文件的类型和操作要求。

"文件名"是字符串常量或字符串数组。例如：

FILE *fp;
fp=("file1","r");

其意义是在当前目录下打开文件 file1，只允许进行"读"操作，并使 fp 指向该文件。

又如：

FILE *fp
fp=("c:\\data.dat","rb")

其意义是打开 C 驱动器磁盘的根目录下的文件 data.dat，这是一个二进制文件，只允许按二进制方式进行读操作。两个反斜线"\\"中的第一个表示转义字符，第二个表示根目录。使用文件的方式共有 12 种，下面给出了它们的符号和意义，见表 10.1。

表 10.1 文件的使用方式

| 文件使用方式 | 含义 | 功能 |
| --- | --- | --- |
| "r" | 只读 | 只读打开一个文本文件，只允许读数据 |
| "w" | 只写 | 只写打开或建立一个文本文件，只允许写数据 |
| "a" | 追加 | 追加打开一个文本文件，并在文件末尾写数据 |
| "rb" | 只读 | 只读打开一个二进制文件，只允许读数据 |
| "wb" | 只写 | 只写打开或建立一个二进制文件，只允许写数据 |
| "ab" | 追加 | 追加打开一个二进制文件，并在文件末尾写数据 |
| "r+" | 读写 | 读写打开一个文本文件，允许读和写 |
| "w+" | 读写 | 读写打开或建立一个文本文件，允许读写 |
| "a+" | 读写 | 读写打开一个文本文件，允许读，或在文件末追加数据 |
| "r+" | 读写 | 读写打开一个二进制文件，允许读和写 |
| "wb+" | 读写 | 读写打开或建立一个二进制文件，允许读和写 |
| "ab+" | 读写 | 读写打开一个二进制文件，允许读，或在文件末追加数据 |

对于文件使用方式有以下几点说明：

（1）文件使用方式由 r,w,a,b,+五个字符拼成，各字符的含义是：

r(read): 读。

w(write): 写。

a(append): 追加。

b(banary): 二进制文件。

+: 读和写。

（2）凡用"r"打开一个文件时，该文件必须已经存在，且只能从该文件读出。

（3）用"w"打开的文件只能向该文件写入。若打开的文件不存在，则以指定的文件名建立该文件，若打开的文件已经存在，则将该文件删去，重建一个新文件。

（4）若要向一个已存在的文件追加新的信息，只能用"a"方式打开文件。但此时该文件必须是存在的，否则将会出错。

（5）在打开一个文件时，如果出错，fopen 将返回一个空指针值 NULL。在程序中可以用这一信息来判别是否完成打开文件的工作，并作相应地处理。因此常用以下程序段打开文件：

```
if((fp=fopen("c:\\data.dat","rb")==NULL)
{
    printf("\nerror on open c:\\data.dat file!");
    getch();
    exit(1);
}
```

这段程序的意义是，如果返回的指针为空，表示不能打开 C 盘根目录下的 data.dat 文件，则给出提示信息"error on open c:\ data.dat file!"，getch()的功能是从键盘输入一个字符，但不在屏幕上显示。在这里，该行的作用是等待，只有当用户从键盘敲任一键时，程序才继续执行，因此用户可利用这个等待时间阅读出错提示。敲键后执行 exit(1)退出程序。

（6）把一个文本文件读入内存时，要将 ASCII 码转换成二进制码，而把文件以文本方式写入磁盘时，也要把二进制码转换成 ASCII 码，因此文本文件的读写要花费较多的转换时间。对二进制文件的读写不存在这种转换。

（7）标准输入文件(键盘)，标准输出文件（显示器），标准出错输出(出错信息)是由系统打开的，可直接使用。

## 10.4 关闭文件(fclose)

语法如下：

```
fclose(文件指针);
```

例如：

fclose(fp);

正常完成关闭文件操作时，fclose 函数返回值为 0。如返回非零值则表示有错误发生。

## 10.5 文件读写函数

对文件的读和写是最常用的文件操作，在 C 语言中提供了多种文件读写的函数：
- 字符读写函数：fgetc 和 fputc。
- 字符串读写函数：fgets 和 fputs。
- 数据块读写函数：freed 和 fwrite。
- 格式化读写函数：fscanf 和 fprinf。

下面分别予以介绍。使用以上函数都要求包含头文件 stdio.h。字符读写函数 fgetc 和 fputc 是以字符（字节）为单位的读写函数。每次可从文件读出或向文件写入一个字符。

### 10.5.1 读字符函数 fgetc

fgetc 函数的功能是从指定的文件中读一个字符。

语法如下：

字符变量=fgetc(文件指针);

其意义是从打开的文件 fp 中读取一个字符并送入 ch 中。

对于 fgetc 函数的使用有以下几点说明：

（1）在 fgetc 函数调用中，读取的文件必须是以读或读写方式打开的。

（2）读取字符的结果也可以不向字符变量赋值，例如：fgetc(fp);但是读出的字符不能保存。

（3）在文件内部有一个位置指针。用来指向文件的当前读写字节。在文件打开时，该指针总是指向文件的第一个字节。使用 fgetc 函数后，该位置指针将向后移动一个字节。因此可连续多次使用 fgetc 函数，读取多个字符。应注意文件指针和文件内部的位置指针不是一回事。文件指针是指向整个文件的，须在程序中定义说明，只要不重新赋值，文件指针的值是不变的。文件内部的位置指针用以指示文件内部的当前读写位置，每读写一次，该指针均向后移动，它不需在程序中定义说明，而是由系统自动设置的。

**案例 1：读入文件 data.c，在屏幕上输出。**

第一步：打开文件。

  fp=fopen("data.c","r")

第二步：用 C 语言编码实现。

```c
#include<stdio.h>
main()
{
    FILE *fp;
    char ch;
    if((fp=fopen("data.c","rt"))==NULL)
    {
        printf("Cannot open file strike any key exit!");
        getch();
        exit(1);
    }
    ch=fgetc(fp);
    while (ch!=EOF)
    {
        putchar(ch);
        ch=fgetc(fp);
    }
    fclose(fp);
}
```

第三步：测试并验证程序运行结果。

本案例程序的功能是从文件中逐个读取字符，在屏幕上显示。程序中定义了文件指针 fp，以读文本文件方式打开文件"data.c"，并使 fp 指向该文件。如打开文件出错，给出提示并退出程序。程序第 12 行先读出一个字符，然后进入循环，只要读出的字符不是文件结束标志(每个文件末有一结束标志 EOF)就把该字符显示在屏幕上，再读入下一字符。每读一次，文件内部的位置指针向后移动一个字符，文件结束时，该指针指向 EOF。执行本程序将显示整个文件。

### 10.5.2　写字符函数 fputc

fputc 函数的功能是把一个字符写入指定的文件中。
语法如下：

> fputc(字符量，文件指针);

函数调用的形式为：其中，待写入的字符量可以是字符常量或变量，例如：fputc('a',fp);其意义是把字符 a 写入 fp 所指向的文件中。

对于 fputc 函数的使用也要说明几点：

（1）被写入的文件可以用写、读写，追加方式打开，用写或读写方式打开一个已存在的文件时将清除原有的文件内容，写入字符从文件首开始。如需保留原有文件内容，希望写入的字符以文件末开始存放，必须以追加方式打开文件。被写入的文件若不存在，则创建该文件。

（2）每写入一个字符，文件内部位置指针向后移动一个字节。

（3）fputc 函数有一个返回值，如写入成功则返回写入的字符，否则返回一个 EOF。可用此来判断写入是否成功。

**案例 2**：从键盘输入一行字符，写入一个文件，再把该文件内容读出显示在屏幕上。

第一步：按读写方式打开文件。

　　fp=fopen("data.c","w+")

第二步：用 C 语言编码实现。

```c
#include<stdio.h>
main()
{
    FILE *fp;
    char ch;
    if((fp=fopen("data.c","wt+"))==NULL)
    {
        printf("Cannot open file strike any key exit!");
        getch();
        exit(1);
    }
    printf("input a string:\n");
    ch=getchar();
    while (ch!='\n')
    {
        fputc(ch,fp);
        ch=getchar();
    }
    rewind(fp);
```

```
    ch=fgetc(fp);
    while(ch!=EOF)
    {
      putchar(ch);
      ch=fgetc(fp);
    }
    printf("\n");
    fclose(fp);
  }
```

第三步：测试并验证程序运行结果。

程序中第 6 行以读写文本文件方式打开文件 data.c。程序第 13 行从键盘读入一个字符后进入循环，当读入字符不为回车符时，则把该字符写入文件之中，然后继续从键盘读入下一字符。每输入一个字符，文件内部位置指针向后移动一个字节。写入完毕，该指针已指向文件末。如要把文件从头读出，须把指针移向文件头，程序第 19 行 rewind 函数用于把 fp 所指文件的内部位置指针移到文件头。第 20 至 25 行用于读出文件中的一行内容。

### 10.5.3 读字符串函数 fgets

fgets 函数的功能是从指定的文件中读一个字符串到字符数组中。
语法如下：

fgets(字符数组名，n，文件指针);

其中，n 是一个正整数。表示从文件中读出的字符串不超过 n-1 个字符。在读入的最后一个字符后加上串结束标志'\0'。例如：fgets(str,n,fp);的意义是从 fp 所指的文件中读出 n-1 个字符送入字符数组 str 中。

**案例 3：从 data.c 文件中读入一个含 10 个字符的字符串。**

#include<stdio.h>

```
main()
{
    FILE *fp;
    char str[11];
    if((fp=fopen("data.c","rt"))==NULL)
    {
        printf("Cannot open file strike any key exit!");
        getch();
        exit(1);
    }
    fgets(str,11,fp);
    printf("%s",str);
    fclose(fp);
}
```

本例定义了一个字符数组 str 共 11 个字节,在以读文本文件方式打开文件 data.c 后,从中读出 10 个字符送入 str 数组,在数组最后一个单元内将加上'\0',然后在屏幕上显示输出 str 数组。

对 fgets 函数有两点说明:

(1)在读出 n-1 个字符之前,如遇到了换行符或 EOF,则读出结束。

(2)fgets 函数也有返回值,其返回值是字符数组的首地址。

### 10.5.4 写字符串函数 fputs

fputs 函数的功能是向指定的文件写入一个字符串。

语法如下:

> fputs(字符串,文件指针);

其中字符串可以是字符串常量,也可以是字符数组名,或指针变量,例如:

  fputs("abcd", fp);

其意义是把字符串"abcd"写入 fp 所指的文件之中。案例 4 是在案例 2 中建立的文件 data.c 中追加一个字符串。

**案例 4:在案例之中建立的 data.c 中追加一个字符串。**

```
#include<stdio.h>
main()
{
    FILE *fp;
    char ch,st[20];
    if((fp=fopen("data.c","a+"))==NULL)
```

```
    {
        printf("Cannot open file strike any key exit!");
        getch();
        exit(1);
    }
    printf("input a string:\n");
    scanf("%s",st);
    fputs(st,fp);
    rewind(fp);
    ch=fgetc(fp);
    while(ch!=EOF)
    {
        putchar(ch);
        ch=fgetc(fp);
    }
    printf("\n");
    fclose(fp);
}
```

本例要求在 data.c 文件末加写字符串,因此,在程序第 6 行以追加读写文本文件的方式打开文件。然后输入字符串,并用 fputs 函数把该串写入文件。在程序 15 行用 rewind 函数把文件内部位置指针移到文件首。再进入循环逐个显示当前文件中的全部内容。

### 10.5.5 数据块读写函数 fread 和 fwrite

c 语言还提供了用于整块数据的读写函数。 可用来读写一组数据,如一个数组元素,一个结构变量的值等。

语法如下:

```
fread(buffer,size,count,fp);/*读数据块*/
fwrite(buffer,size,count,fp);/*写数据块*/
```

其中:

(1) buffer 是一个指针,在 fread 函数中,它表示存放输入数据的首地址。在 fwrite 函数中,它表示存放输出数据的首地址。

(2) size 表示数据块的字节数。count 表示要读写的数据块块数。

(3) fp 表示文件指针。

例如:

fread(fa,4,5,fp);

其意义是从 fp 所指的文件中,每次读 4 个字节(一个实数)送入实数组 fa 中,连续读 5 次,即读 5 个实数到 fa 中。

案例 5：从键盘输入两个学生数据，写入一个文件中，再读出这两个学生的数据显示在屏幕上。

```c
#include<stdio.h>
struct stu
{
  char name[10];
  int num;
  int age;
  char addr[15];
}boya[2],boyb[2],*pp,*qq;
main()
{
  FILE *fp;
  char ch;
  int i;
  pp=boya;
  qq=boyb;
  if((fp=fopen("student.dat","wb+"))==NULL)
  {
    printf("Cannot open file strike any key exit!");
    getch();
    exit(1);
  }
  printf("\ninput data\n");
  for(i=0;i<2;i++,pp++)
  scanf("%s%d%d%s",pp->name,&pp->num,&pp->age,pp->addr);
  pp=boya;
  fwrite(pp,sizeof(struct stu),2,fp);
  rewind(fp);
  fread(qq,sizeof(struct stu),2,fp);
  printf("\n\nname\tnumber age addr\n");
  for(i=0;i<2;i++,qq++)
      printf("%s\t%5d%7d%s\n",qq->name,qq->num,qq->age,qq->addr);
  fclose(fp);
}
```

本案例程序定义了一个结构 stu,说明了两个结构数组 boya 和 boyb 以及两个结构指针变量 pp 和 qq。pp 指向 boya,qq 指向 boyb。程序第 16 行以读写方式打开二进制文件"student.dat",输入两个学生数据之后,写入该文件中,然后把文件内部位置指针移到文件首,读出两块学生数据后,在屏幕上显示。

## 10.5.6 格式化读写函数 fscanf 和 fprintf

fscanf 函数,fprintf 函数与前面使用的 scanf 和 printf 函数的功能相似,都是格式化读写函数。两者的区别在于 fscanf 函数和 fprintf 函数的读写对象不是键盘和显示器,而是磁盘文件。

语法如下:

> fscanf(文件指针,格式字符串,输入表列);
> fprintf(文件指针,格式字符串,输出表列);

例如:
fscanf(fp,"%d%s",&i,s);
fprintf(fp,"%d%c",j,ch);
用 fscanf 和 fprintf 函数也可以完成案例 5 的问题。修改后的程序如案例 6 所示。

**案例 6:用 fscanf 和 fprintf 完成案例 5。**

```
#include<stdio.h>
struct stu
{
    char name[10];
    int num;
    int age;
    char addr[15];
}boya[2],boyb[2],*pp,*qq;
main()
{
  FILE *fp;
  char ch;
  int i;
  pp=boya;
  qq=boyb;
  if((fp=fopen("students.dat","wb+"))==NULL)
  {
      printf("Cannot open file strike any key exit!");
      getch();
```

```
            exit(1);
        }
        printf("\ninput data\n");
        for(i=0; i<2; i++,pp++)
            scanf("%s%d%d%s",pp->name,&pp->num,&pp->age,pp->addr);
        pp=boya;
        for(i=0; i<2; i++,pp++)
            fprintf(fp,"%s %d %d %s\n",pp->name,pp->num,pp->age,pp->addr);
        rewind(fp);
        for(i=0; i<2; i++,qq++)
            fscanf(fp,"%s %d %d %s\n",qq->name,&qq->num,&qq->age,qq->addr);
        printf("\n\nname\tnumber age addr\n");
        qq=boyb;
        for(i=0; i<2; i++,qq++)
            printf("%s\t%5d %7d %s\n",qq->name,qq->num, qq->age, qq->addr);
        fclose(fp);
}
```

## 10.6　文件的随机读写

前面介绍的对文件的读写方式都是顺序读写，即读写文件只能从头开始，顺序读写各个数据。但在实际问题中常要求只读写文件中某一指定的部分。为了解决这个问题可移动文件内部的位置指针到需要读写的位置，再进行读写，这种读写称为随机读写。实现随机读写的关键是要按要求移动位置指针，这称为文件的定位。移动文件内部位置指针的函数主要有两个，即 rewind 函数和 fseek 函数。

rewind 函数前面已多次使用过，其调用形式为：rewind（文件指针）；它的功能是把文件内部的位置指针移到文件首。下面主要介绍 fseek 函数。

fseek 函数用来移动文件内部位置指针。

语法如下：

> fseek(文件指针，位移量，起始点);

其中：

（1）"文件指针"指向被移动的文件。

（2）"位移量"表示移动的字节数，要求位移量是 long 型数据，以便在文件长度大于 64KB 时不会出错。当用常量表示位移量时，要求加后缀 "L"。

（3）"起始点"表示从何处开始计算位移量，规定的起始点有三种：文件首，当前位置和文件尾。其表示方法见表 10.2。

表 10.2 文件位置表示法

| 起始点 | 表示符号 | 数字表示 |
|---|---|---|
| 文件首 | SEEK—SET | 0 |
| 当前位置 | SEEK—CUR | 1 |
| 文件末尾 | SEEK—END | 2 |

例如：fseek(fp,100L,0);

其意义是把位置指针移到离文件首 100 个字节处。还要说明的是 fseek 函数一般用于二进制文件。在文本文件中由于要进行转换，故往往计算的位置会出现错误。文件的随机读写在移动位置指针之后，即可用前面介绍的任一种读写函数进行读写。由于一般是读写一个数据块，因此常用 fread 和 fwrite 函数。下面用例题来说明文件的随机读写。

**案例 7**：在学生文件 students.dat 中读出第二个学生的数据。

```
#include<stdio.h>
struct stu
{
  char name[10];
  int num;
  int age;
  char addr[15];
}boy,*qq;
main()
{
  FILE *fp;
  char ch;
  int i=1;
  qq=&boy;
  if((fp=fopen("students.dat","rb"))==NULL)
  {
    printf("Cannot open file strike any key exit!");
    getch();
```

```
        exit(1);
    }
    rewind(fp);
    fseek(fp,i*sizeof(struct stu),0);
    fread(qq,sizeof(struct stu),1,fp);
    printf("\n\nname\tnumber age addr\n");
    printf("%s\t%5d %7d %s\n",qq->name,qq->num,qq->age, qq->addr);
}
```

文件 students.dat 已由案例 6 的程序建立，本程序用随机读出的方法读出第二个学生的数据。程序中定义 boy 为 stu 类型变量，qq 为指向 boy 的指针。以读二进制文件方式打开文件，程序第 22 行移动文件位置指针。其中的 i 值为 1，表示从文件头开始，移动一个 stu 类型的长度，然后再读出的数据即为第二个学生的数据。

## 10.7　文件检测函数

C 语言中常用的文件检测函数有以下几个。

（1）文件结束检测函数 feof。

函数调用格式：feof（文件指针）;

功能：判断文件是否处于文件结束位置，如文件结束，则返回值为 1，否则为 0。

（2）读写文件出错检测函数 ferror。

函数调用格式：ferror（文件指针）;

功能：检查文件在用各种输入输出函数进行读写时是否出错。如 ferror 返回值为 0 表示未出错，否则表示有错。

（3）文件出错标志和文件结束标志置 0 函数。

clearerr 函数调用格式：clearerr（文件指针）;

功能：本函数用于清除出错标志和文件结束标志，使它们为 0 值。

## 10.8　C 库文件

C 系统提供了丰富的系统文件，称为库文件，C 的库文件分为两类，一类是扩展名为"h"的文件，称为头文件，在前面的包含命令中已多次使用过。在"h"文件中包含了常量定义、类型定义、宏定义、函数原型以及各种编译选择设置等信息。另一类是函数库，包括了各种函数的目标代码，供用户在程序中调用。通常在程序中调用一个库函数时，要在调用之前包含该函数原型所在的"h"文件。见表 10.3。

## 第10章 文件

表 10.3　C 库文件及含义

| ALLOC.H | 说明内存管理函数（分配、释放等） |
|---|---|
| ASSERT.H | 定义 assert 调试宏 |
| BIOS.H | 说明调用 IBM—PC |
| ROM | BIOS 子程序的各个函数 |
| CONIO.H | 说明调用 DOS 控制台 I/O 子程序的各个函数 |
| CTYPE.H | 包含有关字符分类及转换的各类信息（如 isalpha 和 toascii 等） |
| DIR.H | 包含有关目录和路径的结构、宏定义和函数 |
| DOS.H | 定义和说明 MSDOS 和 8086 调用的一些常量和函数 |
| ERRON.H | 定义错误代码的助记符 |
| FCNTL.H | 定义在与 open 库子程序连接时的符号常量 |
| FLOAT.H | 包含有关浮点运算的一些参数和函数 |
| GRAPHICS.H | 说明有关图形功能的各个函数，图形错误代码的常量定义，正对不同驱动程序的各种颜色值，及函数用到的一些特殊结构 |
| IO.H | 包含低级 I/O 子程序的结构和说明 |
| LIMIT.H | 包含各环境参数、编译时间限制、数的范围等信息 |
| MATH.H | 说明数学运算函数 |
| HUGE | VAL 宏，说明了 matherr 和 matherr 子程序用到的特殊结构 |
| MEM.H | 说明一些内存操作函数（其中大多数也在 STRING.H 中说明） |
| PROCESS.H | 说明进程管理的各个函数，spawn...和 EXEC...函数的说明 |
| SETJMP.H | 定义 longjmp 和 setjmp 函数用到的 jmp buf 类型，说明这两个函数。 |
| SHARE.H | 定义文件共享函数的参数 |
| SIGNAL.H | 定义 SIG[ZZ(Z] [ZZ)]IGN 和 SIG[ZZ(Z] [ZZ)]DFL 常量，说明 rajse 和 signal 两个函数 |
| STDARG.H | 定义读函数参数表的宏。（如 vprintf,vscarf 函数） |
| STDDEF.H | 定义一些公共数据类型和宏 |
| STDIO.H | 预定义流：stdin,stdout 和 stderr，说明 I/O 流子程序 |
| STDLIB.H | 说明一些常用的子程序：转换子程序、搜索/排序子程序等 |
| STRING.H | 说明一些串操作和内存操作函数 |
| SYS\STAT.H | 定义在打开和创建文件时用到的一些符号常量 |
| SYS\TYPES.H | 说明 ftime 函数和 timeb 结构 |
| SYS\TIME.H | 定义时间的类型 time[ZZ(Z] [ZZ)]t |
| TIME.H | 定义时间转换子程序 asctime、localtime 和 gmtime 的结构，ctime、difftime、gmtime、localtime 和 stime 用到的类型，并提供这些函数的原型 |
| VALUE.H | 定义一些重要常量，包括依赖于机器硬件的和为与 Unix　System 相兼容而说明的一些常量，包括浮点和双精度值的范围 |

**拓展练习**

问题 1：从键盘输入一个字符串，将其中的小写字母全部转换为大写字母，然后输出到一个磁盘文件"test"中保存，输入的字符串以"!"结束。

问题 2：从键盘输入若干行字符（每行长度不等），输入后把它们存储到一磁盘文件中，再从该文件读入这些数据，将其中的大写字母转换为小写字母后在显示屏输出。

问题 3：有一磁盘文件"Employee"内存放职工的数据。每个职工数据包含职工姓名、职工号、性别、年龄、住址、工资、健康状况、文化程度。现要求将职工名、工资的信息单独抽出来另建一下简明的职工工资文件。

问题 4：从问题 3 的"职工工资文件"中删除一个职工的数据，再存回原文件。

**课后作业**

1. 有两个磁盘文件"A"和"B"，各存放一行字母，现要求把这两个文件中的信息交换。

2. 有 5 个学生，每个学生 3 门课程的成绩，从键盘输入学生数据（包括学号，姓名，3 门课成绩），计算出平均成绩，将原有数据和计算出的平均分数存放在磁盘文件"student"中。

3. 将 2 题中"student"文件中的学生数据，按平均分进行排序，将已排序的学生数据存入一个新文件"stu_sort"中。

4. 将 3 题中已排序的学生成绩文件进行插入处理。插入一个学生的 3 门课程成绩，程序先计算新插入学生的平均成绩，然后将它按成由高到低顺序插入，插入后建立一新文件"stu_insert"。

# 参 考 文 献

[1] 谭浩强,张基温.C语言程序设计教程[M].3版.北京:高等教育出版社,1991.
[2] 刘新铭,等.C语言程序设计教程[M].北京:机械工业出版社,2006.
[3] [美]波尔.编程逻辑基础教程[M].6版.北京:清华大学出版社,2003.
[4] [美]MarilynBohl、MariaRynn.编程逻辑基础教程[M].6版.北京:清华大学出版社,2003.
[5] [美]Kelley.C语言教程[M].北京:机械工业出版社,2004.
[6] HMpeitel, PJ Deitel.C程序设计教程[M].蒋才鹏,等,译.北京:机械工业出版社,2005.
[7] 谭浩强.C语言程序设计题解与上机指导[M].2版.北京:清华大学出版社,2000.
[8] C编写组.常用C语言用法速查手册[M].北京:龙门书局,1995.
[9] 谭浩强.C语言程序设计[M].3版.北京:清华大学出版社2005.